Callwey

KACHELOFEN BAU

Bernd Grützmacher

Kamin- und Steinöfen
Kachelöfen, Flächenheizsysteme

Callwey

Autor und Verlag bedanken sich für die freundliche Unterstützung der Firma Ulrich Brunner, Eggenfelden.

Soweit nicht anders angegeben, stammen alle Abbildungen von Bernd Grützmacher.

Abbildung 1, Seite 2
Moderne Technik verbindet sich mit attraktiver Architektur, hier demonstriert am Beispiel eines Großflächen-Heizsystems (s. Kapitel 5, S. 107)

Die Deutsche Bibliothek – CIP-Einheitsaufnahme
Grützmacher, Bernd: Kachelofenbau : Kamin- und Steinöfen, Kachelöfen, Flächenheizsysteme/
Bernd Grützmacher. – München : Callwey, 1996
ISBN 3-7667-1206-3

Umschlaggestaltung HBC-Design unter Verwendung von Abbildungen von Bernd Grützmacher und der Zeichnung 5
Satz Fotosatz Buck, Kumhausen
Litho eurocrom 4, Villorba
Druck Kastner & Callwey, Forstinning bei München
Bindearbeit MiB Conzella, Aschheim bei München
Printed in Germany
ISBN 3-7667-1206-3

Inhalt

Einführung

Holzbrandkachelöfen haben in Mitteleuropa eine jahrhundertealte, handwerkliche Tradition, die bis in das Mittelalter hineinreicht. Und es ist faszinierend zu erfahren, daß der Kachelofen nicht nur Mittelpunkt des häuslich-familiären Lebens, sondern auch Ausdruck persönlicher Wohnkultur war.
Heute, wo in Mitteleuropa jährlich etwa 60.000 Kachelöfen gesetzt werden, davon allein etwa 40.000 in Deutschland, ist diese handwerkliche Tradition zwar noch zu spüren, wird aber um modernste Feuerungstechniken und Wärmenutzungs-Systeme ergänzt, ohne auf individuelle Gestaltungswünsche verzichten zu müssen.
Aber ein Holzbrandofen ist kein vordergründiges »Prestige-Objekt«, sondern Teil des persönlichen Lebensstils, der auch ökologische und gesundheitliche Aspekte mit einbezieht und von der Gewißheit getragen wird, eine krisenfeste Wärmequelle zur Verfügung zu haben. Wer sich für einen Kachelofen entscheidet, der wird in Zusammenarbeit mit dem Kachelofenbau- oder Hafnermeister eine Gestaltung finden, die seiner Lebensart und den damit verbundenen Ansprüchen an Form, Farbe und Funktion gerecht wird – sofern die Genehmigung des Schornsteinfeger-Meisters vorliegt.
Wer ein neues Einfamilienhaus plant – vielleicht ein Niedrigenergiehaus aus Holz (meine Erfahrungen dazu sind in dem Buch »Mein Haus aus Holz«, München 1994, festgehalten) –, sollte bereits zu Beginn der Planung (Vorentwurfsphase) den Ofenbaumeister mit einbeziehen, um die Funk-

2 Auch traditionelle Gestaltungselemente haben nach wie vor ihren Reiz, zum Beispiel farbige Kachelbänder (s. Kapitel 3, S. 46)

tion und den Standort des Kachelofens und damit auch die Lage des Schornsteins festzulegen. In diesem Gespräch wird – im Beisein der Architektin oder des Architekten – auch entschieden, ob mit dieser Wärmetechnik nur ein oder zwei Räume oder das ganze Haus mit behaglicher Wärme versorgt werden sollen.

Dabei wird ebenfalls geklärt, ob ein offener oder ein geschlossener Warmluftkreislauf (Hypokausten-System) sinnvoll ist; auch die Möglichkeit, einen Kachelofen (mit Heizeinsatz und Wärmetauscher) mit einer Solarheizung zu koppeln, ohne auf fossile, vergängliche Energiequellen (Öl, Gas, Kohle) verzichten zu müssen, wird ein Teil dieses Gesprächs sein, wobei nicht unerwähnt bleiben wird, daß ein Holzbrand-Heizeinsatz mit Warmwasseraufbereitung auch mit Gas- oder Ölheizungssystemen koppelbar ist.

Ein entscheidender Punkt ist auch die Frage nach den »Bedienungsintervallen«, also wie oft ein Kachelofen täglich mit einer bestimmten Menge abgelagerten, trockenen Holzes zu »befeuern« ist, um die gewünschte Wärme zu erreichen, die im Idealfall nur Strahlungswärme sein sollte; auch darüber wird der Kachelofenbaumeister informieren. Und sicherlich auch darüber, daß der Holzabbrand nicht nur manuell, sondern auch elektronisch steuerbar ist, um eine schadstoffarme, kohlendioxydneutrale Feuerung zu gewährleisten, weshalb der Ofenbaumeister nur Holzbrand-Heizeinsätze empfehlen wird, die mit dem »Zertifizierungszeichen für schadstoffarme Holzfeuerungen« ausgezeichnet sind.

Erst wenn die Funktionen des Kachelofens geklärt sind, sollte man sich über die Formgebung, Bauart und die alternativen Materialien des Ofenmantels detailliert unterhalten, um zu einer endgültigen Entscheidung zu gelangen, mit der letztlich auch die Kosten definiert werden. Wie teuer ist also die umweltschonende »Quelle behaglicher Wärme«? Von Meisterhand gesetzte Kachelöfen variieren im Preis zwischen dem eines Kleinwagens und eines Mittelklasse-PKW's gehobener Ausstattung. Während jedoch ein PKW ständig an Wert verliert und nur eine begrenzte Lebensdauer besitzt, hält ein Kachelofen bei entsprechender Pflege mindestens ein Leben lang, häufig auch wesentlich länger. Konkret: Wer mit dem Kachelofen nur Wohn- und Eßzimmer beheizen will und einen weiteren Raum oder Flur mit Warmluft (offen) versorgen möchte, sollte 17.000,– bis 22.000,– DM einkalkulieren; bei geschlossenen Warmluftsystemen (Hypokausten-System), in denen die vom Heizeinsatz erzeugte Warmluft separat aufzustellende Wandflächen hinterspülend erwärmt (Warmwand), muß – je nach Größe – mit weiteren 4.000,– bis 6.000,– DM gerechnet werden (DM/qm: ca. 200,–). Und wer eine »Kachelofenvollhaus-Heizung« plant, die mit einer Solarheizung und Gastherme kombiniert ist, sollte mindestens DM 50.000,– einplanen.

Geht man von einem »normalen« Kachelofen aus, der Wohn- und Eßzimmer (s.o.) mit behaglicher Wärme versorgt, ist es interessant zu wissen, daß allein das Kachelmaterial etwa 50 Prozent und die Lohnkosten des Ofensetzers (auf der Basis von 100 Arbeitsstunden; die Arbeiten erstrecken sich in der Regel über zwei bis drei Wochen) etwa 30 Prozent des Gesamtpreises ausmachen; hinzu kommen etwa 15 Prozent für den Heizeinsatz (ohne Wärmetauscher); die restlichen fünf Prozent sind für Schamotte, Setzmaterial, Heizgasrohre, Isolierung und Kleinmaterial anzusetzen. Wer den Kostenfaktor »Kacheln« durch andere Materialien (Schamotte- oder Tonziegel oder Gußschamotteplatten) reduzieren will, muß mit einem höheren Lohnkostenanteil rechnen, da diese Ofenmäntel mit speziell dafür entwickelten Materialien zu verputzen sind.

Aber zurück zur Praxis:

Sobald die mit dem Kunden abgestimmten Entwürfe (und Gesamtkosten) des Kachelofenbaumeisters vorliegen, sollten die damit verbundenen baulichen Voraussetzungen für den Kachelofenbau in die Planungen des Architekten mit einbezogen werden. Diese Abstimmung zwischen Bauherr, Architekt und Kachelofenbaumeister ist besonders bei Neubauten wichtig, zumal damit unnötige Kosten für den Bauherren vermieden werden, die immerhin zehn Prozent der Bausumme für den Kachelofen betragen können, falls die Anforderungen des Ofenbauers während der Bauphase ignoriert wurden. Dazu gehören beispielsweise Wand- und Deckendurchbrüche, Schornsteinanschlüsse und tragfähige Fußböden (ohne schwimmenden Estrich), die das Gewicht eines Kachelofens (ca. 2.000 kg) tragen können. Dazu gehört aber auch, daß Reinigungsklappen für den Schorn-

3 Der Kachelofenbau erfordert vom Ofensetzer höchste Präzision bei der Arbeit

stein und Versorgungsleitungen nicht im Bereich des Kachelofens installiert werden sollten.
Leider sieht die Realität für den Kachelofenbauer häufig ganz anders aus, wie der Leser an den in diesem Buch beschriebenen Beispielen erfahren wird.
Im ersten Teil des Buches werden vier einschalige Kachelöfen im praktischen Bauablauf beschrieben, wobei auch auf die Bauart und die jeweiligen (vermeidbaren) Probleme für den Kachelofenbauer vor Ort kurz eingegangen wird.
Im ersten Beispiel wird ein Kachelofen mit Heizeinsatz und gemauerten Liegezügen vorgestellt, der Strahlungswärme und Warmluft in das Wohn- und Eßzimmer abgibt, wobei die Warmluft auch in das Obergeschoß geleitet werden kann.
Das zweite Objekt ist ein Steinofen mit Heizkamin-Einsatz und gemauerten Liegezügen (s. Titelbild), der das Wohn- und Eßzimmer mit Strahlungswärme und Warmluft versorgt.
Im dritten Beispiel wird ein Kachelofen mit Heizkamin-Einsatz beschrieben, bei dem – statt einer keramischen Zugkonstruktion – eine Gußnachheizfläche angeschlossen wurde, wobei Einsatz und Nachheizfläche im Wohn- und separatem Eßzimmer mit einem Mantel aus Vollkacheln (»Klima-Kacheln«) einzufassen waren. Aufschlußreich ist an diesem Beispiel, mit welcher »Gleichgültigkeit« die Vorschläge des Kachelofenbaumeisters von der Bauleitung aufgenommen wurden.
Im letzten Kapitel der einschaligen Bauweise wird ein Kachelofen mit Heizeinsatz, Verwirbelungskammer sowie Sturz- und Steigezügen vorgestellt, der das Wohn- und Eßzimmer mit Strahlungswärme und das Treppenhaus mit Warmluft versorgt.
Im zweiten Teil des Buches wird auf die »mehrschalige« Kachelofenbauweise eingegangen, wobei dieses – physiologisch sehr interessante – wärmeverteilende Bausystem zunächst an einem Kachelgrundofen erläutert wird. Ergänzt wird die Information anhand eines Demonstrationsmodells im Schulungszentrum der Firma Brunner, Eggenfelden, wobei auch auf neue Verarbeitungsmaterialien und Arbeitsweisen im Kachelofenbau eingegangen wird.
Diese mehrschalige Bauweise wird an einer »Großflächenheizung mit Schamottespeicher« detailliert dokumentiert, wobei dieses Heizsystem über drei Geschosse gebaut wurde: Ummantelter Holzbrand-Einsatz mit Wasser-Wärmetauscher im Keller, Speicherblock mit Mantel im Wohn- und Eßzimmer sowie eine Wärmewand (Hypokausten-System) im Dachgeschoß.
Hierbei handelt es sich um ein zukunftsweisendes Beispiel, weil mit diesem System das ganze Haus zu beheizen ist, wobei sich die Bauweise und die verarbeiteten Materialien vom traditionellen Kachelofenbau erheblich unterscheiden. Es wird deutlich, daß auch ohne Ofenkacheln ein modernes, zeitgemäßes Design zu realisieren ist.

Bernd Grützmacher

4 Tradition, verbunden mit moderner Technik: Der Kachelofen mit Heizeinsatz und gemauerten Liegezügen

Kachelofen

MIT HEIZEINSATZ UND GEMAUERTEN LIEGEZÜGEN

(Strahlungswärme und Warmluft im Wohnzimmer; Warmluft im Dachgeschoß zuschaltbar)

- *Bauart*
  Heizeinsatz (Brunner HF 7), Nennheizleistung (Heizeinsatz) 6 kW; keramische Nachheizzüge (Zuglänge: ca. 6 m) mittelschwerer Bauart (Kachel und Vorschub); Kachelheizfläche der keramischen Züge etwa 6 qm (Verhältnis *keramische* Kachelheizfläche : Zuglänge = 1:1; entspricht den Empfehlungen des Heizeinsatz-Herstellers)

- *Probleme*
  1. Mauerdurchbruch für Heizeinsatz nicht vorhanden (Neubau!)
  2. Öffnung zum Schornstein nicht vorhanden
  3. Kein tragfähiger Fußboden (»Schwimmender Estrich«) für zirka 2000 Kilogramm
  4. Heizungsleitungen unterhalb des Estrichs im Kachelofenbereich (aber wo?)
  5. Warmluftkanal-Öffnung zum ersten Geschoß (Betonstahldecke) nicht vorhanden
  6. Wände im Kachelofenbereich nicht lotrecht verputzt

- *Problemgrund*
  Der Kachelofenbaumeister wurde zu spät in die Bauplanung einbezogen; es entstanden Mehrkosten in Höhe von zirka zehn Prozent des vereinbarten Festpreises, die vom Bauherren zu tragen waren.

BAUABLAUF

Auslegen der Kachelware

Bevor der Kachelofenbaumeister mit den Vorbereitungen des Fundaments beginnt, konzentriert er sich auf das Auslegen des gesamten Kachelmaterials. Als Vorlage hierfür wird die Kachelofenmantel-Skizze herangezogen, die auch Basis für die Bestellung des Kachelmaterials war.
Beim Auslegen der Kacheln versucht der Ofensetzer die einzelnen Kachelteile nach Farbe und Reinheit der Glasur aufeinander abzustimmen. Konnte der Ofensetzer früher aus einer Vielfalt von Kacheln eine Auswahl treffen, so wird heute nur die Anzahl von Kacheln geliefert, die für den Ofen benötigt wird.
Auslegen nach Farbe und Reinheit, der Ofensetzer nennt es »Couleuren«, heißt, daß er die Kacheln schichtweise – also so, wie sie gesetzt werden sollen – auf den Boden auslegt (s. Abb. 5), wobei dunklere Tönungen für die unteren Schichten bestimmt werden, während die helleren für die oberen Schichten vorgesehen sind. Dieses »Couleuren« gilt auch für jede einzelne Kachelschicht, wobei der dunklere Farbverlauf (»Fluß«) einer Kachel in der Regel nach unten gesetzt wird.

Ist dieser Arbeitsgang abgeschlossen, sollte auf jeden Fall der Auftraggeber bzw. die Auftraggeberin hinzugezogen werden, um eine endgültige Entscheidung abzusichern.

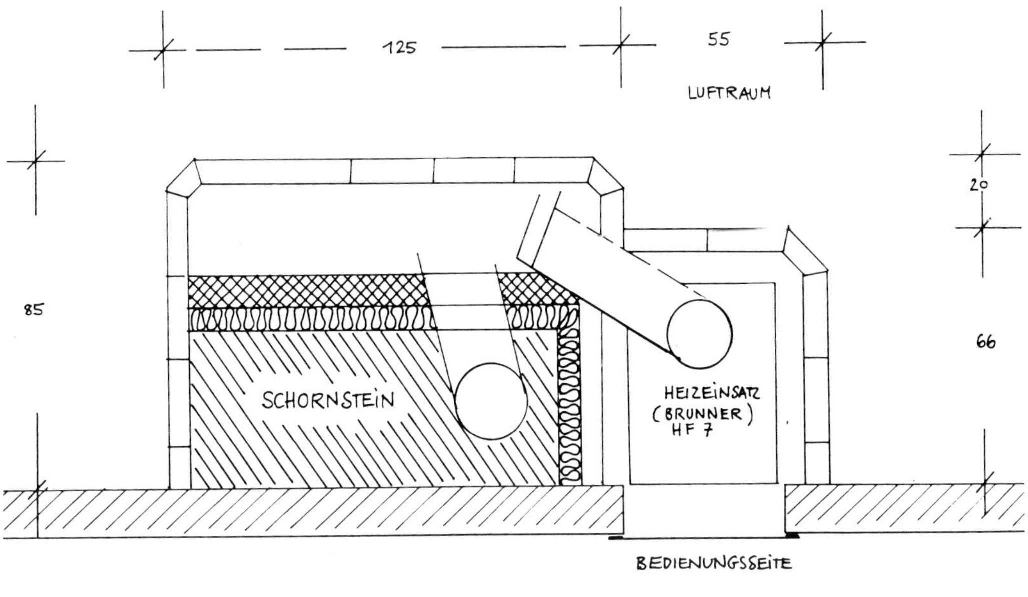

Zeichnung 1 Grundrißzeichnung des Kachelofens

Schornsteinanschluß und Mauerdurchbruch

Bevor der Grundriß des Kachelofens von der Zeichnung auf den Estrich übertragen wird, ist es zu empfehlen, den Schornsteinanschluß, der in diesem Beispiel nicht vorhanden war, exakt festzulegen und freizustemmen.
Hierfür ist es wichtig, in der Reinigungsöffnung des Schornsteins den Abstand zwischen der Außenkante Schornstein und dem Abzugsrohr sowie den Durchmesser zu messen. Diese Maße in der Höhe übertragen, wo die Rauchgase vom Kachelofen in den Schornstein geführt werden sollen. In diesem Beispiel lag die Oberkante des Rauchrohres (Durchmesser 160 mm) in einer Höhe von 150 Zentimeter, also fünf Zentimeter unterhalb der Oberkante der fünften Kachelreihe, in der der letzte (4.) Liegezug geplant war.

Rechenbeispiel:

	Sockelhöhe	40 cm
	5 Kacheln à 22 cm	110 cm
	5 Fugen à 1 cm	5 cm
	Summe	155 cm
./.	Deckenabstand	5 cm
	Höhe vom Estrich	150 cm = Oberkante Rauchrohr

Ist der Schornsteinanschluß festgelegt, läßt sich das Loch mit einem Spezialbohrer in voller Größe herausschneiden – oder, falls keine Bohrkrone dieser Größe vorhanden ist, wird die Kreislinie mit einem Steinbohrer vorgebohrt und freigestemmt (s. Abb. 6).

Parallel dazu war der Mauerdurchbruch (3DF-Kalksandsteinwand) vom Wohnzimmer zum Arbeitszimmer, von dem aus der Heizeinsatz bedient werden sollte, festzulegen und freizustemmen. Eine »Flex« leistet hier gute Dienste. Höhe und Breite müssen dem Zargenmaß für den Einsatz entsprechen, wobei man die Unterkante in einer Höhe zwischen 15 und 20 Zentimeter anlegen sollte, um die Bedienung des Heizeinsatzes zu erleichtern. Außerdem wird so sichergestellt, daß genügend kühlere Raumluft den Einsatz von unten her umspülen kann, um die gewünschte Warmluftmenge während des Heizvorganges zu erhalten.

5 Auslegen der Kachelware, um diese nach Farbe und Reinheit zusammenzustellen (sog. »Couleuren«)

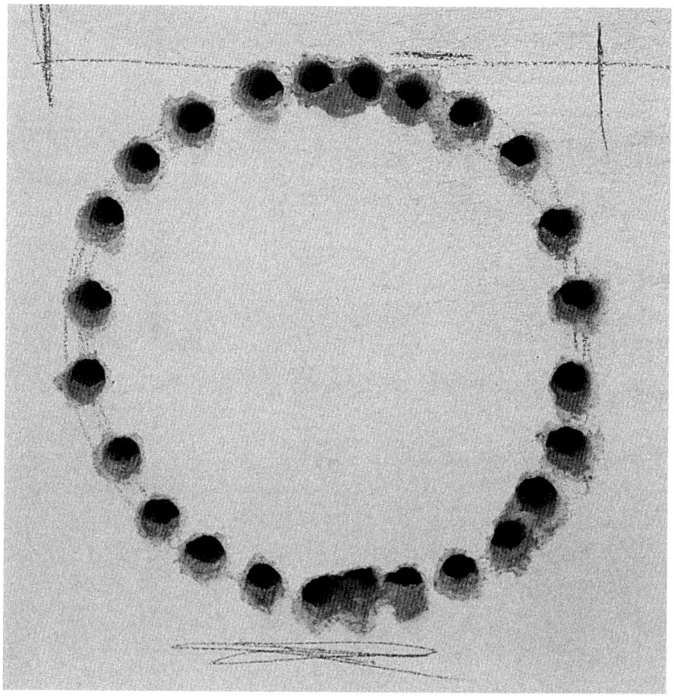

6 Vorgebohrter Anschluß zum Schornsteinzug (in der Abbildung ist oben der Durchmesser des Schornsteinzuges angezeichnet)

Beim Anreißen des Loches ist zu berücksichtigen, daß zwischen Heizeinsatz und Kachelwand bzw. isolierter Schornsteinwand ein Abstand von sechs bis acht Zentimetern einzuhalten ist. Zu bedenken ist auch, daß der Abstand zwischen Rauchrohr (des Einsatzes) und Heizkammerdecke mindestens sechs Zentimeter betragen sollte.

FUNDAMENTVORBEREITUNG UND SOCKEL

Unabhängig von der Tatsache, daß in einem Teil der Kachelofengrundfläche Heizungsrohre verlegt waren, die auch der Installateurmeister nicht präzise orten konnte, wurde damit begonnen, die Grundrißzeichnung (s. S. 11) auf den Estrich zu übertragen (s. Abb. 7).

Hierfür bieten sich zwei Möglichkeiten an:
- Der Ofensetzermeister fertigt in seiner Werkstatt eine 1:1-Schablone aus Pappe an, auf der die Außenkanten des Ofenmantels genau festgelegt sind, einschließlich der Fugenabstände. Diese Schablone wird dann auf der Baustelle ausgelegt, um die Grundlinien des Ofens zu markieren. Diese Schablone hat unter anderem den Vorteil, daß sofort erkennbar ist, ob die anschließenden Wände und Ecken flucht- und winkelgenau gemauert und verputzt wurden.
- Der Ofensetzermeister überträgt die Maße aus der Grundrißzeichnung vor Ort auf den Fußboden, wie in diesem Beispiel geschehen.

Dabei ist darauf zu achten, ob die anschließenden Wände flucht- und winkelgenau gemauert und verputzt wurden, was mit dem Zimmermannswinkel, Parallelmessungen und der Wasserwaage überprüft wird.
Da der Sockel aus optischen Gründen etwas größer sein sollte als die Grundlinie des Kachelofenmantels (ein Versatz von 3 cm), war es sinnvoll, beide Linien zu markieren, wobei die äußere die Sockelaußenkante und die innere die Kachelsetzlinie markierte (s. Abb. 8).
Sind beide Linien auf dem Estrich angerissen, ist es ratsam, die einzelnen Kacheln entlang der inneren Setzlinie auszulegen, um zu klären, welche Fugenbreite notwendig ist, damit der Kachelmantel später problemlos an angrenzende Wände anschließt. Da die ermittelte Fugenbreite bis in die letzte Kachelschicht einzuhalten ist, sollte auf jeden Fall überprüft werden, ob die anschließenden Wände lotrecht verputzt wurden. Ist das nicht der Fall, muß die Fugenbreite korrigiert oder später Putz freigestemmt werden.

7 Übertragen des Grundrisses von der Zeichnung auf den Estrich

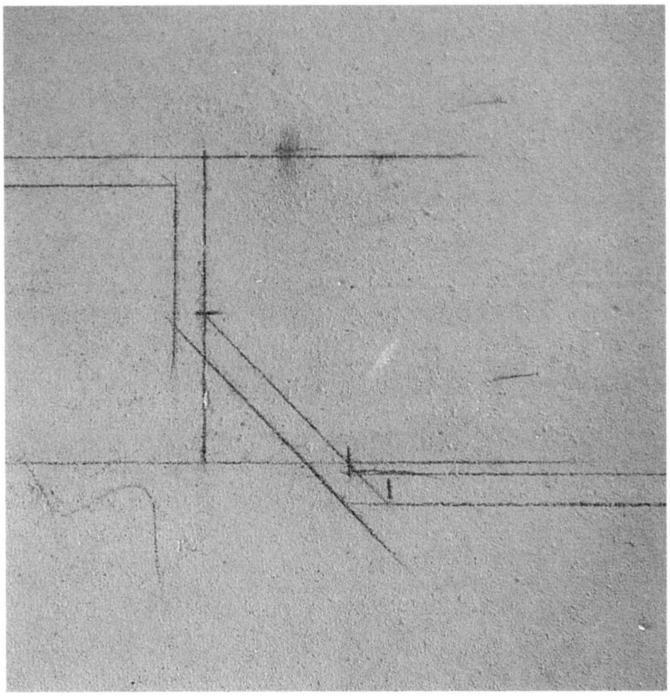

8 Auf den Estrich übertragene Setzlinien für Sockel und Kachelmantel

Zum Grundriß gehört aber auch die Kachelofenrückwand, die auf den Estrich zu übertragen ist. Wie aus der Grundrißzeichnung ersichtlich, beginnt die Rückwand direkt hinter der gesetzlich vorgeschriebenen Schornsteinisolierung aus nicht brennbaren Baustoffen (nach DIN 4102 Klasse A1; hier: 6 cm dicke Mineralwolle-Dämmplatte). Da die Rückwand, statt mit Schamotteziegeln, mit normalen Tonziegeln gemauert werden sollte, kann die Steinbreite des Ziegels auf den Estrich übertragen werden, womit auch diese »Setzlinie« geklärt ist.
Diese Setzlinie läßt sich auch von der Kachelaußenkante ermitteln. Das setzt aber voraus, daß die Stärke des Vorschubs und die Zugbreite bekannt sind.

Beispiel (von außen nach innen):

Kachelstärke	5,0 cm
Vorschub (Schamotteplatte und Fuge)	3,0 cm
Zugbreite	18,0 cm
Vorschub (Rückwand)	2,0 cm
Summe	28,0 cm

Das heißt, daß die Setzlinie für die Ofenrückwand 28 Zentimeter von der Außenkante des Kachelmantels zu ziehen ist (in der Grundrißzeichnung waren 30 cm vorgesehen). Da der Sockel aus Gasbetonsteinen (Format: 62,5 x 25,0 x 7,5 cm) zu mauern war, mußte diese »Fundamentlinie« auch beim Mauern des Sockels berücksichtigt werden, um eine tragfähige Basis für die Rückwand zu erhalten.
Hier sei noch erwähnt, daß ein Teil des Estrichs freizustemmen war, um die Lage der unter dem Estrich verlegten Heizungsrohre eindeutig zu klären. Diese Fläche wurde später mit Winkeleisen tragfähig überbrückt. Und da die verbliebene Estrichfläche für einen Kachelofen nicht tragfähig war (und das gilt für jeden schwimmenden Estrich!), war es notwendig, die »Fundamentlinien« für Innen- und Außenwände tragfähig zu machen.
Hierfür wurden auf den Fundamentlinien (jeweils mittig) alle 15 bis 20 Zentimeter Löcher durch den Estrich hindurch bis zur Betondecke gebohrt und mit 10 Millimeter dicken Eisenstäben versehen. Diese Stäbe haben direkten Kontakt zur Betondecke und werden oberhalb des Estrichs abgeflext. Erst danach konnte der Sockel gemauert werden! Abgedeckt wurden die hochkant gesetzten Sockelwände mit fünf Zentimeter starken Gasbetonplatten (s. Abb. 9). Aus der Abbildung geht nicht hervor, daß im rechten Seitenteil des Sockels ein Zuluftgitter (Format: 230 x 450 mm) eingebaut wurde, um Raumluft zum Einsatz zu leiten.

9 Gasbetonstein-Sockel für den keramischen Teil des Kachelofens; links erkennt man den Durchbruch für den Heizeinsatz

Da geplant war, die erste Kachelreihe in Sitzhöhe zu beginnen (40 cm), wurde der Sockel mit Vollziegel abgedeckt, wobei für diese flach gemauerten Tonziegel ein mit lehmigem Sand (10:1) abgemagerter Schamottemörtel zu verwenden war, da oberhalb dieser Ziegellage der erste Liegezug vorgesehen war. Statt der Vollziegelsteine sind Schamotteziegel zu empfehlen, die eine höhere Temperaturwechsel-Beständigkeit und eine höhere Wärmespeicherfähigkeit haben.

Heizeinsatz aufstellen

Für diesen kombinierten Kachelofen (Strahlungswärme und Warmluft) wurde vom Ofensetzermeister ein Holzfeuerungseinsatz (Fa. Brunner, Eggenfelden) empfohlen, der mit maximal sieben Kilogramm Holz je Abbrandperiode (60 Minuten) gefüllt werden kann und mit dieser Füllmenge eine Nennwärmeleistung von sechs Kilowatt erreicht. Dieses Fabrikat wurde aber nicht nur wegen der Wärmeleistung empfohlen, zumal eine Gaszentralheizung bereits installiert war, sondern auch deshalb, weil der Hersteller eine *Schadstoffarme Holzbrandfeuerung* garantiert, wenn abgelagertes Holz verwendet wird (mindestens 2 Jahre Lagerzeit nach Einschlag), die Holzfeuchte also unter 20% liegt und die Bedienungshinweise beachtet werden (hier sei der Hinweis erlaubt, daß der Hersteller eine elektronisch gesteuerte Abbrandtechnik entwickelt hat, die die Bedienungsintervalle auf das Anheizen morgens und das Holznachlegen mittags oder abends reduziert).
Der Ofensetzermeister oder der Geselle wissen das, sind aber verantwortlich dafür, daß der fast 140 Kilogramm schwere Heizeinsatz, der nach der Aufstellung noch mit einem etwa 70 Kilogramm schweren Schamottierungssatz auszufüttern ist, standfest in »Lot und Waage« aufzustellen ist (s. Abb. 10). Das setzt folgende Arbeitsgänge voraus:

- Die im Mauerdurchbruch waage- und lotrecht gesetzte und eingeputzte Zarge für den Heizeinsatz ist unten mit tragfähigen Winkeleisen (hier: 3 x 3 cm) in die Heizeinsatzkammer (die später mit Ofenkacheln ummantelt wird) in gleicher Höhe (und parallel) zu übertragen und tragfähig zu untermauern.
- Erst nachdem die waagerechte und parallele Lage der Winkeleisen nochmals überprüft und gegebenenfalls korrigiert wurde, kann der Heizeinsatz von der Bedienungsseite aus mit der Sackkarre durch den Mauerdurchbruch hindurch auf die Winkeleisen gesetzt werden.

Da der Heizeinsatz und die dazugehörigen Schamotteteile für den Feuerraum (Brennraumauskleidung) separat geliefert werden, sind diese Fertigteile vor Ort mit feinkörnigem, feuerfestem Schamottemörtel einzubauen. Dabei ist darauf zu achten, daß jedes Einzelteil fugendicht »angerieben« wird. Abschließend sind die Flächen mit Schamottemörtel abzureiben und mit einem feuchten Schwamm zu glätten. Im letzten Arbeitsgang werden der Deckenstein und die Faserhaube montiert, wobei letztere ohne Rauchgasaustritt werkseitig geliefert wird, um dem Ofenbauer vor Ort die Möglichkeit zu geben, diesen Ausschnitt (oben oder seitlich) selber festzulegen und freizuschneiden.

10 Aufgestellter Heizeinsatz (ohne Faserhaube); rechts, neben dem Einsatz erkennt man eine mit Haftmörtel bestrichene Mineralwolle-Dämmplatte an der Schornsteinwand

Die erste Kachelschicht

Vorbereitende Arbeiten

Es wurde bereits darauf hingewiesen, daß der Kachelmantel um etwa drei Zentimeter von der Sockelaußenkante nach innen gesetzt werden sollte; außerdem war geplant, diesen Versatz zwischen Kachelmantel und Sockel beim späteren Verputzen leicht abzurunden. Und obwohl der Sockel, einschließlich Ziegelabdeckung, bereits in Lot und Waage gemauert wurde, waren in der Ziegellage dennoch leichte Unebenheiten auszugleichen.
Versatz, spätere Rundung und präzise in Waage gesetzte Setzfläche und -linie wurden dadurch erreicht, indem der Sockel mit zwei schmalen Schamotteplatten-Streifen (Plattenstärke 15 mm) versehen wurde, wobei die Außenkante der oberen Lage die Setzlinie für die Kacheln war (s. Abb. 11).
Um sicher zu sein, daß die erste Kachelreihe bei gleichem Fugenabstand fachgerecht an die beiden Wände anschließt, empfiehlt es sich, die einzelnen Kacheln und Fugen auf der Setzlinie zu markieren und, falls notwendig, den Fugenabstand zu korrigieren.

Behauen der Kacheln

Es gehört zur traditionellen Arbeitsweise des Kachelofensetzers, jede einzelne Ofenkachel vor dem Setzen zu behauen (s. Abb. 12). Dabei wird mit dem Töpferhammer von den vier Setzkanten soviel »Fleisch« abgeschlagen, bis etwa sechs Millimeter von der Glasurkante bis zur Setzkantenmitte verbleiben. Die dabei anfallenden Splitter werden später als »Zwickermaterial« verwendet.
Das Behauen ist sehr sorgfältig auszuführen, um zu vermeiden, daß die Glasur beschädigt wird und die Kachel möglicherweise nicht mehr zu verwenden ist. Außerdem ist dieser Arbeitsgang sehr zeitaufwendig, also ein erheblicher Kostenfaktor.
Deshalb sei die Frage erlaubt: Kacheln behauen – Ja oder Nein?

11 Waagerecht verlegte Schamottestreifen als Setzfläche und -linie für die erste Kachelschicht

Kacheln sollten immer dann behauen werden, wenn sie »fugenlos«, also »auf Stoß« zu setzen sind, um die Setzkantenfläche zu vergrößern. Werden die Ofenkacheln aber mit einer bewußt sichtbaren Fuge (6–10 mm) gesetzt, ist ein Behauen der Kacheln nach Auskunft traditionsreicher Ofensetzerbetriebe nicht notwendig, wenn entweder ein zügig abbindender Schamottemörtel (Haftmörtel u.a.) verwendet wird oder – falls normaler Schamottemörtel zum Setzen verwendet wurde –, wenn die freigekratzte Kachelfuge mit einer Fugenmasse ausgefüllt wird, die eine zusätzliche Standstabilität gewährleistet.
In diesem Beispiel zog der Kachelofenbaumeister behauene Kacheln vor (trotz Fuge), »... weil sie sich dann besser setzen lassen!«

12 Der Ofensetzermeister beim Behauen einer Ofenkachel

Setzen der ersten Kachelreihe

Dieser Arbeitsgang beginnt, wie bei jeder zu setzenden Ofenkachel, mit einer für Ofensetzer typischen Handbewegung: In einer Hand hält er die angefeuchtete Kachel, deren Rumpf unten und seitlich mit Schamottemörtel bestrichen ist, während die andere – vorher in Wasser getauchte – Hand eine Handvoll nicht abgemagerten Schamottemörtel aus der Mörteltonne holt und mit kreisenden Handbewegungen zu einer Kugel formt. Diese kugelförmige Schamottemasse erleichtert sowohl das Auslegen des Mörtelbettes, in das die Kachel gesetzt wird, als auch alle weiteren Verfugungsarbeiten zwischen Rumpfbart und Setzkante.
Ist die erste Kachel gesetzt (s. Abb. 13), erleichtert man sich die waagerechte Position, indem von außen zwei Holzkeile in die Fuge gedrückt werden. Mit diesen Keilen kann bereits die Fugendicke festgelegt werden. Anschließend wird die Kachel auf lot- und waagerechten Stand justiert, wobei die Keile entweder tiefer in die Fuge gedrückt werden oder etwas herauszuziehen sind.
Erst wenn die Kachel justiert ist, werden die Kachelsplitter, die beim Behauen der Kachel entstanden, unter dem Rumpfbart in den Mörtel gedrückt, um der Kachel einen besseren Halt zu geben und um spätere Schwindungsrisse im Mörtel zu verhindern. Beim Hineindrücken der Zwicker (wofür später auch Reste von Schamotteplatten verwendet werden) ist darauf zu achten, daß sie nicht über die Rümpfe hinausragen (vorstehen), weil dann die Gefahr besteht, daß der spätere Vorschub ungleichmäßigen Druck auf die Kachelwand ausübt (»Treibgefahr«). Nach dem Verzwickern wird der lot- und waagerechte Stand der Kachel nochmals überprüft und gegebenenfalls korrigiert. Die Abbildungen 14 bis 16 verdeutlichen diesen Arbeitsgang.
Es ist üblich, daß Kachelofenbauer eine gerade Kachelreihe mit der ersten und letzten Kachel beginnen, diese nach dem Setzen mit Richtscheit und Wasserwaage überprüfen und die Reihe um die fehlenden Kacheln ergänzen. Ist diese Reihe gesetzt, wird die Flucht mit einem Richtscheit überprüft (s. Abb. 17).
Die Abbildungen 18 bis 21 verdeutlichen noch einmal, mit welcher Präzision jede einzelne Kachel – hier eine Kachel mit Reinigungsöffnung für den ersten und zweiten Liegezug – gesetzt wird.

13 Setzen der ersten Ofenkachel

14 △ 16 ▽ 15 △ 17 ▽

14 Halbkachel in Mörtel setzen

15 Die gesetzte Kachel wird auf waage- und lotrechten Stand justiert

16 Der Mörtel wird unter dem Rumpf mit Kachelsplittern »verzwickert«

17 Die Flucht der Kachelreihe muß mit einem Richtscheit überprüft werden

18 Die in Mörtel gesetzte Kachel wird zunächst auf gleiche Höhe überprüft

19 Als nächstes wird sie in Waage justiert

18 △ 20 ▽ 19 △ 21 ▽

20 Im folgenden Arbeitsschritt wird die Kachel verzwickert

21 Abschließend wird noch der lotrechte Stand überprüft und eventuell korrigiert

22 Überprüfung der Eck-Konstruktion mit dem Eck-Sims

Da dieser Kachelofen oberhalb der letzten Kachelreihe mit einem Sims versehen werden sollte, überprüft der Ofensetzer bereits in der ersten komplett gesetzten Kachelreihe, ob die Eck-Konstruktion mit dem Eck-Sims übereinstimmt (s. Abb. 22). Ist das nicht der Fall, können noch Korrekturen vorgenommen werden, weil der Schamottemörtel noch nicht abgebunden hat.

Der erste Liegezug

Die Konstruktion des ersten Liegezuges begann zunächst mit dem Mauern der Ofen- bzw. Zugrückwand, wofür – statt Schamotteziegel – Tonziegelsteine verwendet wurden (s. Abb. 23).
Da die Zugbreite 18 Zentimeter betragen sollte, für die Kachelwand ein Vorschub von 2,5 Zentimeter plus Mörtelfuge vorgesehen war und die Rückwand (Ziegel) mit 1,5 Zentimeter dicken Schamotteplatten (plus Fuge) zu verkleiden war, konnte die Ziegelwand in einem Abstand von 23 Zentimeter von der Kachelinnenwand in abgemagerten Schamottemörtel gesetzt werden.
Diese vorbereitende Zugkonstruktion war wichtig, um das Rauchrohr mit möglichst geringen Strömungswiderständen in den ersten Liegezug zu führen. Und da sich der Ofenbaumeister entschieden hatte, die Rauchgase nicht oberhalb, sondern seitlich aus dem Heizeinsatz zu führen, war es notwendig, die zwei 45°-Bögen (2 mm Stahlblech; Durchmesser 180 mm) mit der Flex zu kürzen und derart zu verbinden (wobei als Dichtungsmittel »Ofenkitt« verwendet wurde), daß die Rauchgase problemlos in den ersten Liegezug geleitet werden konnten.
Dabei war auch zu bedenken, daß am Ende des Rauchrohres ein Schamotte-Anschlußstein zu montieren war, der die Ausdehnungs- und Schwindungskräfte des Heizgasrohres aufzufangen hat und dessen Kanten keinen direkten Kontakt zur Kachelwand haben dürfen.
Bevor der Kaminanschlußstein aber montiert werden konnte, mußte die zweite Kachelreihe gesetzt und die Ziegelkonstruktion ergänzt sein. Voraussetzung für das Setzen der zweiten Kachelreihe war aber, daß die erste Reihe über Nacht standstabil abbinden konnte und tags darauf verzwickert, verklammert und ausgefüttert wurde.

23 Das Bild zeigt die ersten Schritte zum Bau der Ofen- bzw. Zugrückwand; oben erkennt man das vormontierte Rauchrohr, rechts die Schornstein-Isolierung

24 Verzwickerte und verklammerte Kachelrümpfe mit und ohne Futterstein (zweite Kachelreihe)

Verzwickern heißt, daß die lotrechten Zwischenräume zwischen den Rümpfen (Stegen) der Kacheln mit nicht abgemagertem Schamottemörtel angefüllt und in diesen Mörtel Schamotteplatten-Reste oder Tonziegelstreifen eingerieben werden, bis der Mörtel seitlich hervorquillt, der dann von Hand glattgestrichen wird. Diese Zwicker erfüllen die gleiche physikalische Funktion wie die Kachelsplitter beim Setzen der ersten Kachelreihe: Sie verhindern Lufträume und Schrumpfrisse in der Mörtelsubstanz.

Das *Verklammern* der Ofenkacheln soll verhindern, daß sich der Kachelmantel während der Heizperiode ausdehnt. Deshalb sind die lotrechten Kachelrümpfe nach dem Verzwickern mit Klammern zu versehen. Hierfür werden vom Ofendraht mit der Töpferzange etwa zwölf Zentimeter lange Stücke abgekniffen und an den Enden derart gebogen, daß die Klammerenden in haltbarer Spannung an den Kachelrümpfen (innen) anliegen (s. Abb. 24).
Erst wenn die Kacheln verzwickert und verklammert sind, können sie mit sogenannten Ausfuttersteinen *ausgefüttert* werden. Für die Standardkachel (Format: 22 x 22 cm) bietet der Fachgroßhandel für Ofensetzer Schamotte-Futtersteine im Format 130 x 130 x 23 Millimeter an, die vor dem Einreiben zu nässen und mit reichlich abgemagertem Schamottemörtel zu bestreichen sind, bevor sie reibend gegen die Kachelinnenfläche gedrückt werden und der hervorquellende Mörtel glattgestrichen oder ergänzt wird.
Falls keine vorgefertigten Futtersteine (eigentlich sind es ebenfalls Platten) zur Verfügung stehen, muß beim Zuschnitt selbstgefertigter Futterplatten (aus 25 mm dicken Schamotteplatten) auf der Steintrennmaschine darauf geachtet werden, daß das zugeschnittene Format nicht knirsch in die Kachelinnenfläche paßt, sondern eine umlaufende Fuge verbleibt, aus der der Mörtel während des Anreibens hervorquellen kann.
In der Abbildung 25 ist nicht zu erkennen, daß zwischen Rohr und Anschlußstein nach der Montage eine asbestfreie Dichtungsschnur aus keramischen Fasern gepreßt wurde. Nachdem die Ofenrückwand auf die gleiche Höhe wie die zweite Kachelschicht gemauert war, wurde der Boden des ersten Zuges (die Ziegellage) mit 15 Millimeter dicken Schamotteplatten in abgemagertem Mörtel abgedeckt und der Übergang vom Anschlußstein (mit Rauchrohr) zum Boden mit Haftmörtel strömungsgerecht modelliert.

25 Rauchrohr mit aufgesetztem Schamotte-Anschlußstein im Übergang zum vorbereiteten, ersten Liegezug

26 Anreiben des 2,5 cm dicken Vorschubs gegen die ausgefütterte Kachelinnenwand

Auf diese Schamottelage konnte nun der 25 Millimeter starke Vorschub für die Kachelwand und der 15 Millimeter dicke Vorschub für die Rückwand angerieben werden (s. Abb. 26), wobei die Standardlänge dieser Schamotteplatten (32 cm) auf 30 Zentimeter gekürzt wurde, womit auch die Zughöhe festgelegt war (Querschnitt erster Liegezug: 30 x 18 cm). Hinsichtlich des dünneren Vorschubs für die Rückwand ist zu überlegen, ob hier nicht auch die 2,5 Zentimeter dicken Schamotteplatten verwendet werden sollten, zumal die Eintrittstemperatur der Rauchgase vom Heizeinsatz hier bis zu 700 Grad betragen kann.
Sind auf beide Innenwände die Schamotteplatten mit abgemagertem Schamottemörtel angerieben, kann der Zug mit 2,5 Zentimeter dicken Schamotteplatten abgedeckt werden (s. Abb. 27 und 28), wobei in unmittelbarer Nähe des Rauchgaseintritts ein Gasschlitz (hier: rechtwinkliges Dreieck 6,5 x 9 x 11 cm) freigelassen wurde.
Der Übergang zum zweiten Zug hat ein Format von 30 x 12 Zentimetern. Da hier aber kein Rechteck vorliegt, reduziert sich die Fläche auf etwa 330 Quadratzentimeter.

27

28

29 Setzen der ersten (Halb-) Kachel in der dritten Kachelreihe; im Bildhintergrund ist die eingebaute Warmlufttür in der vierten Kachelreihe des Heizeinsatzbereiches zu sehen

Kachelmantel, Heizeinsatz und zweiter Zug

Der Kachelmantel für den Heizeinsatz war auf vier Kachelhöhen mit Simskante geplant und konnte in der beschriebenen Weise »hochgezogen« werden, wobei auch hier die einzelnen Ofenkacheln verzwickert, verklammert und auszufüttern waren; allerdings wurden hierfür die dünneren, 15 Millimeter starken Schamotteplatten verarbeitet, um eine schnellere Wärmeabstrahlung zu erreichen.
Diese Bauweise (ausgefütterter Kachelmantel) wird im Ofensetzerhandwerk auch als »leichte« Bauart bezeichnet; erst wenn diese Kachelwand mit einem Vorschub von 2,5 Zentimeter dicken Schamotteplatten versehen wird – wie im keramischen Teil dieses Ofens –, spricht man von »mittelschwerer« Bauart. Ist der Vorschub dicker als fünf Zentimeter, liegt eine »schwere« Bauweise vor.
In die vierte und letzte Kachelschicht, die den Heizeinsatz ummantelte, wurde eine zweikachelige (zwei Kacheln breit, eine Kachel hoch) »Warmlufttür« eingebaut, mit der man später den Warmluftaustritt regulieren kann. Für den Einbau dieser gußeisernen, doppelflügeligen Tür wurde ein Haftmörtel verwendet, der schneller abbindet und – wie der Name schon andeutet – größere Hafteigenschaften, also eine höhere Stabilität als normaler Schamottemörtel hat.
Da die vierte Kachelreihe im Einsatzbereich zunächst abbinden sollte, bevor man mit dem Setzen der Simsteile und der Abdeckung beginnt, konnte der zweite Zug vorbereitet werden, was mit dem Setzen der dritten Kachelreihe begann (s. Abb. 29).
Hier sei nochmal darauf hingewiesen, daß jede einzelne Kachel vor dem Setzen erst genäßt und die Rümpfe danach mit einer dünnen Mörtelschicht eingestrichen wurden (s. Abb. 30).
Nach dem Setzen der dritten Kachelschicht und Mauern der Rückwand ließ man beide Wände für einen längeren Zeitraum abbinden. In der Zwischenzeit konnte das Rauchrohr in die Schornsteinöffnung gesetzt und mit einem doppelwandigen Wandfutter versehen werden. Beim Einsetzen des Rauchrohres wird abgemagerter Schamottemörtel verwendet, mit dem auch Lücken zwischen Rohr und Schornsteininnenwand abzudichten sind.

27 Abdecken des ersten Zuges

28 Komplett abgedeckter Zug mit Gasschlitz (Dreieck oben links) und Übergang zum zweiten Liegezug (unten)

30 Die Rümpfe der genäßten Kachel werden dünn mit Mörtel bestrichen

31 Der Kachelofen nach der dritten Kachelreihe mit ausgekleidetem, aber noch nicht abgedecktem zweiten Liegezug; oberhalb der Rückwand ist das Wandfutter zu erkennen, daneben die Fortsetzung der vierten Kachelreihe vom Einsatz zum keramischen Teil des Ofens

Das doppelwandige Wandfutter ist so einzubauen, daß es später mit den Ziegeln der Rückwand ummauert werden kann (s. Abb. 31 sowie 35 und 37).
Nachdem Kachel- und Rückwand über Nacht standstabil abbinden konnten, wiederholten sich die typischen Arbeiten der Zugkonstruktion: Verzwickern der Rümpfe zwischen den einzelnen Kacheln, Verklammern und Ausfüttern der Ofenkacheln mit anschließendem Anreiben der Vorschubplatten an beide Innenwände, deren Höhe auf 25 Zentimeter reduziert wurde (Zugquerschnitt 2. Liegezug: 25 x 18 cm). Im Übergang vom zweiten zum dritten Zug wurde der Boden mit Schamotteplatten leicht angeschrägt, um die spätere Rauchgasströmung zu erleichtern.

Bevor der zweite Liegezug komplettiert wurde, entschied sich der Kachelofenbaumeister, den Kachelmantel, der den Heizeinsatz umgab, mit Sims und Fliesen abzudecken. Weil die untere Schicht dieser Decke eine hitzebeständige Schamottelage sein muß, war es notwendig, die hierfür vorgesehenen, tragenden »T«- und »L«-Eisen mit der Flex auf Länge zu schneiden und waagerecht auszulegen, im Wandbereich anzudübeln (nie mit der Schornsteinwand verbinden!), und zwar so, daß die einzelnen Platten (320 x 150 x 15 mm) und der Rahmen für das Warmluftgitter mörtelfrei hineinpaßten. Beim Zuschnitt und Verlegen dieser »Träger« war darauf zu achten, daß genügend Ausdehnungsdistanz verblieb, um zu verhindern, daß sich das bei Hitze ausdehnende Eisen in den Kachelmantel schiebt und ihn beschädigt. In diesem Beispiel wurde nicht nur die Dehnungsdistanz berücksichtigt, sondern die Enden dieser Träger zusätzlich mit einer nicht enganliegenden Alufolie umwickelt, um eine zusätzliche Dehnungsmöglichkeit zu erhalten.
Erst danach konnte damit begonnen werden, die Simsteile in nicht abgemagerten Schamottemörtel waagerecht zu setzen, wobei die bereits erwähnten Holzkeile diesen Arbeitsgang erleichterten (s. Abb. 32).
Ist der umlaufende Sims gesetzt, können die zuvor auf der Steintrennmaschine zugeschnittenen Schamottefliesen in Kalkmörtel waagerecht – mit der Simsoberkante abschließend – »naß in naß« verlegt werden. Jeder erfahrene Ofensetzer weiß, daß diese Fläche zu diesem Zeitpunkt nicht verfugt werden sollte.
Bevor aber die vierte Kachelreihe gesetzt wurde, war der zweite Liegezug mit 2,5 Zentimeter dicken Schamotteplatten abzudecken (s. Abb. 34), wobei die Öffnung zum dritten Zug (18 x 18 cm) freizulassen war. Wichtig: Unterhalb dieses Übergangs war der Gasschlitz des ersten Zuges angeordnet worden!

Bei der Abdeckung des zweiten Zuges sei noch auf eine Besonderheit hingewiesen: Jeder Ofensetzer weiß, daß Züge in Länge und Querschnitt berechnet werden können; er weiß aber auch, daß trotz aller Berechenbarkeit ein Restrisiko im Zugverhalten des Ofens und des Schornsteins verbleibt. Um dieses Risiko auszuschließen, sorgt er bereits während der Zugkonstruktion dafür, daß die Zuggeschwindigkeit nachträglich entweder erhöht oder gebremst werden kann. In diesem Beispiel hatte der Ofensetzer Bedenken, ob der »Zug« ausreicht. Deshalb wurde ein Teil der letzten Abdeckplatte nicht in Schamottemörtel, sondern lose auf den Vorschub gelegt. Diese Platte kann später herausgenommen oder verschoben werden, falls der »Zug« nicht ausreicht.

32 Mörtelfrei auf T- und L-Eisen verlegte Schamottelage mit Warmluftgitter-Öffnung; links der Eck-Sims, der in Mörtel gesetzt und mit Holzkeilen waagerecht justiert wird

34 Abdeckung des zweiten Zuges mit Schamotteplatten (vgl. Abb. 31)

33 Verlegen der Abdeckfliesen oberhalb des Heizeinsatzes; im Hintergrund ist die vierte (gesetzte) Kachelreihe im keramischen Teil, im Vordergrund die eingebaute »Röhrtür« zu erkennen

35 Setzen der fünften Kachelreihe mit Warmluftöffnung hinter dem Wandfutter am Schornstein; im unteren Teil der Abbildung ist der Übergang vom zweiten zum dritten Zug (Querschnitt: 18 x 18 cm) zu erkennen

Dritter und vierter Liegezug

Nach Abdeckung des zweiten Zuges wurde mit dem Setzen der fünften Kachelreihe begonnen (s. Abb. 35), hinter der der letzte, der vierte Zug zum Schornstein zu lenken war. Problematisch war es hierbei, eine Öffnung oberhalb des Einsatzes freizulassen, um Warmluft über ein noch anzuschließendes Aluflex-Rohr in das Obergeschoß leiten zu können.

Beim Setzen der ersten Kacheln auf der Heizeinsatz-Abdeckung wurde bewußt der schnellabbindende Haftmörtel verwendet, da ein Teil der unteren Rümpfe für die Warmluftöffnung freigeschnitten war.

Bevor die fünfte Kachelreihe komplettiert wurde, mußte der Vorschub für den dritten Zug angerieben werden (s. Abb. 36), womit die Höhe dieses Zuges (20 cm) festgelegt war.

Auf diesen Vorschub konnte die Abdeckung bis zum Übergang des vierten Zuges ergänzt werden, nachdem die fünfte Kachelreihe gesetzt war. Dabei wurde die erste Abdeckplatte wiederum mit einem Gasschlitz versehen (s. Abb. 37).

Beim Setzen der fünften Kachelreihe, hinter der der letzte Zug zum Schornstein zu führen war, mußte ein direkter Zugang zum Schornstein möglich sein, weshalb in Höhe des Wandfutters bzw. Schornsteinanschlusses eine Kachel mit Reinigungsöffnung zu setzen war.

36 Beidseitiger Vorschub im dritten Zug und erste Abdeckplatte, die mit einem Gasschlitz versehen wurde (s. Abb. 37)

37 Abdeckung des dritten Zuges mit Gasschlitz

38 Abgedeckter dritter Zug und Übergang zum vierten Zug mit Reinigungsöffnung in der vierten Kachelreihe

Nachdem der vierte Zug bis zur Abdeckung vorbereitet war, mit der letzten Kachelreihe also begonnen werden konnte, konzentrierte sich die Arbeit auf die Warmluftführung in das Obergeschoß. Hierfür empfahl sich ein flexibles Aluminium-Rohr (Durchmesser 150 mm), das hinter der letzten (6.) Kachelschicht zu montieren war, wobei der Anschluß zum Heizeinsatz (Warmluftbereich) mit dem bereits erwähnten Haftmörtel modelliert wurde. Erst nachdem das »Flexrohr« verlegt war, wurde der vierte Zug komplett mit zwei versetzt in Mörtel gesetzten Schamotteplatten (15 mm) geschlossen und mit dem Setzen der letzten (6.) Kachelschicht begonnen (s. Abb. 39).

39 Beginn der letzten Kachelreihe nach Abdeckung des vierten Zuges und nach dem Verlegen des Warmluftrohres ins Obergeschoß; unten ist die Umluftöffnung (Zuluft) zu erkennen

40 Letzte Kachelreihe, Warmluftrohr-Führung und Abdeckung mit Gasbetonplatten

Der kritische Leser fragt sicherlich, warum das Warmluftrohr im Kachelofenbereich nicht isoliert wurde. Dazu gibt die Abbildung 40 die schlüssige Antwort: Platzmangel. Denn normalerweise sollte jedes Warmluft führende Rohr, egal ob Vorlauf oder Rücklauf, isoliert sein, um die Strömungsgeschwindigkeit und das Wärmevolumen nicht zu beeinträchtigen. In diesem Beispiel kann »entschuldigend« hinzugefügt werden, daß das Rohr auf der Wärmedämmung aufliegt und links und oben von Gasbetonsteinen (5 cm stark) umgeben ist. Obwohl diese Lösung nicht optimal ist, ist es beruhigend zu wissen, daß die Hauseigentümer mit der Wärmeleistung sehr zufrieden sind.

Abschließende Arbeiten

Zu den abschließenden Arbeiten, die sich in ähnlicher Reihenfolge bei jedem *Kachel*ofen wiederholen, gehörten:

- Sims setzen
- Ofendecke abfliesen
- Reinigungskapseln einsetzen
- Sockel verputzen
- Verfugen
- Endreinigung

Bevor der Sims auf gleiche Fugenbreite wie die Kacheln in Mörtel gesetzt wird, ist zu empfehlen, die einzelnen Simsteile auf der letzten Kachelschicht auszulegen, um zu klären, ob Korrekturen notwendig sind. Erst wenn das geklärt ist, wird mit dem Setzen begonnen, wobei die Holzkeile diesen Arbeitsgang sehr erleichtern (s. Abb. 41). Da beim Setzen des Simses wieder nicht abgemagerter Schamottemörtel verwendet wurde, sollte die Mörtelfuge von innen mit Kachelsplittern verzwickert werden. Das Abfliesen der Ofendecke kann erst erfolgen, wenn der Schamottemörtel soweit abgebunden hat, daß die Simsteile standfesten Halt haben.

41 Setzen eines Simsstückes; links und rechts sind die eingedrückten Holzkeile zu sehen

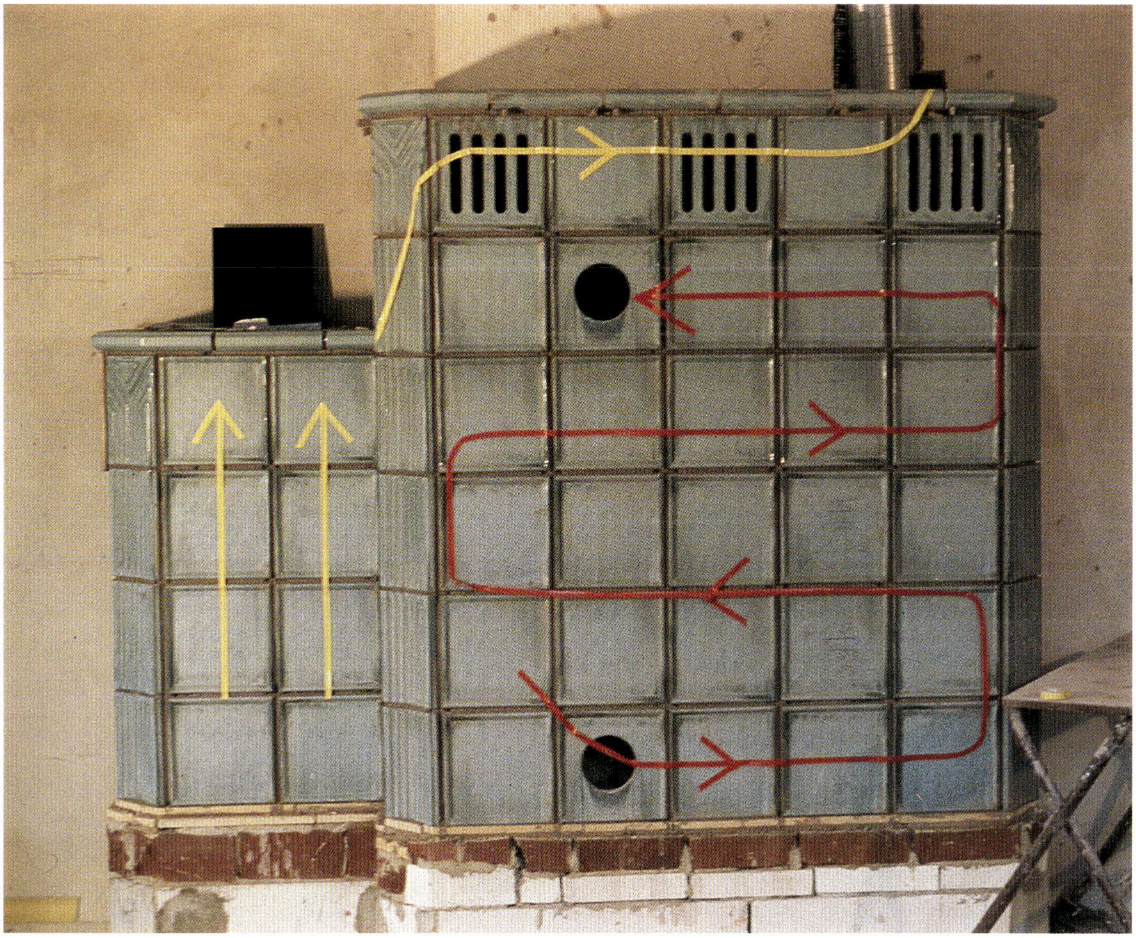

42 Mit umlaufendem Sims versehener Kachelofen mit noch offenen Reinigungsöffnungen und unverputztem Sockel. Die rote Linienführung zeigt den Verlauf der Rauchgase durch die Züge, während die gelben Linien die Warmluftströme andeuten

43 Die Reinigungskapseln werden mit Schamottemörtel und Zwickern ausgefüllt

In der Zwischenzeit können die Reinigungskapseln mit Schamottemörtel und Zwickern ausgefüllt (s. Abb. 43) und mit Mörtel in die Reinigungsöffnungen gesetzt werden. Diese Putzkacheln müssen aber vorher von innen mit Mörtel und Schamotteresten ausgefüttert sein.
Nach diesem Arbeitsgang ist das Zugsystem des Kachelofens geschlossen, so daß eine erste behutsame Feuerung möglich wäre, die aber erst nach Abschluß aller Arbeiten zu empfehlen ist.
Im Anschluß daran wurde der Sockel mit einem mineralischen Spezialputz (Hafnerputz) versehen. Der Hafnerputz ist deshalb zu empfehlen, weil er hitzebeständiger ist als Kalkfertigmörtel, zumal sich der Sockel im oberen Bereich, also in der Nähe des ersten Liegezuges sehr erwärmt.
Im ersten Arbeitsgang wird der Putzmörtel mit der Kelle grob aufgezogen und mit einer Glättkelle flächig geglättet (s. Abb. 44). Sobald der Putz abgebunden hat (nach ca. einer Stunde), wird die gesamte Fläche mit einem feuchten Schwamm endgültig geglättet.
Bevor man mit dem Abfliesen der Ofendecke beginnt, sind die einzelnen Fliesen auszulegen, und – falls notwendig – auf das endgültige Format auf der Steintrennmaschine zuzuschneiden; falls erforderlich, lassen sich die Schnittkanten mit einem Schleifstein entgraten. Anschließend werden die Fliesen höhengleich mit der Simskante in Kalkfertigmörtel verlegt (s. Abb. 45).

Da ein Verfugen der Fliesen unmittelbar nach dem Verlegen nicht ratsam ist, um Verschiebungen zu vermeiden, läßt man die Fliesen für ein bis zwei Stunden mit dem Mörtel abbinden; danach wird entweder Kalkputz oder Kachelofenfugenmasse trocken in die Fugen gerieben und mit einem nassen Schwamm eingeschlämmt.

44 Verputzen des Sockels

45 Verlegen der Abdeckfliesen in Kalkmörtel; hier sind auch die Holzkeile noch einmal gut zu erkennen

Die Fugen des Kachelmantels, die nach jeder gesetzten Reihe mit einem Holzkeil freigekratzt wurden, können nun entweder mit Kachelofenfugenmasse oder – wie bei diesem Ofen – mit Schamottemörtel verfugt werden. Hierbei wird der Mörtel wieder zu einer Kugel geformt und mit festem Druck ziehend in die Fugen gedrückt (s. Abb. 46). Abschließend wird der Kachelmantel mit einem feuchten Schwamm mehrmals gereinigt und mit einem trockenen Tuch »blank« geputzt. Der Kachelofen ist fertig und kann zum ersten Mal testweise »befeuert« werden, wobei nur eine Handvoll Kleinholz entzündet werden sollte. Ratsam ist es hierbei, im untersten Teil des Schornsteins mit Zeitungspapier ein sogenanntes »Lockfeuer« zu zünden, um den Schornstein etwas vorzuwärmen, was den Abbrand im Heizeinsatz erleichtert, dessen Rauchgase ihren Weg durch ein noch recht feuchtes Zugsystem finden müssen.

46 Verfugen der Kachelmantel-Fugen

47 Der Kachelofen nach Abschluß aller Arbeiten; er kann nun »befeuert« werden ▷ ▽

48 Nicht nur Wärmequelle, sondern zugleich auch architektonisches Gestaltungselement: Der Steinofen mit Heizkamin-Einsatz und gemauerten Liegezügen

Steinofen

MIT HEIZKAMIN-EINSATZ UND GEMAUERTEN LIEGEZÜGEN

(Strahlungswärme und Warmluft im Wohnzimmer)

- *Bauart*
  Heizkamin-Einsatz (Brunner HKD 2), Nennheizleistung 8,5 kW mit nachgeschalteten, gemauerten Liegezügen (Zuglänge: ca. 5,5 m); mittelschwere Bauart (Ziegel hochkant und Vorschub).

- *Probleme*
  1. Reinigungsklappen (für Gas- und Ofenzug) im Raum, also dort, wo der Ofen gemauert werden sollte; Architekten-Entwurf für den Steinofen konnte deshalb nicht realisiert werden
  2. Schornsteinöffnung zu hoch
  3. Holzfußboden auf »schwimmendem Estrich« mit Fußbodenheizung (aber wo?)

Bemerkung:
Die Architekten hatten zugesagt, daß im Ofenbereich kein »schwimmender Estrich« vorhanden sein wird und zu 90 Prozent (!) keine Heizschlangen installiert seien; der herbeigerufene Heizungsbaumeister bemerkte: Links vom Schornstein seien keine Heizungsrohre!

- *Problemgrund:*
  Der Kachelofenbaumeister wurde zu spät in die Bauplanung einbezogen.

Problemlösung:
1. Da die Reinigungsklappen zugänglich bleiben müssen, konnte die Zugkonstruktion erst oberhalb dieser Klappen beginnen, mußte also baulich überbrückt werden.
2. Das Abzugsloch zum Schornstein mußte neu freigestemmt werden.
3. Gemäß Grundrißzeichnung wurden der Holzfußboden und der darunterliegende Estrich freigestemmt, um festzustellen, wo Heizschlangen und Versorgungsleitungen liegen. Um die Ofenwände statisch abzusichern, waren Minifundamente notwendig, die durch die Isolierung hindurch direkten Kontakt zur Betonsohle erhielten, ohne Heizschlangen und Versorgungsleitungen zu beschädigen.

49 Schornsteinblock im Wohnzimmer mit Reinigungsklappen und Belüftungs-Gitter

BAUABLAUF

Fundamentvorbereitung und Sockel

Nachdem keine klaren Hinweise über den Aufbau des Fußbodens und der möglicherweise darunterliegenden Heizschlangen und Versorgungsleitungen seitens der Architektin und des Heizungsbaumeisters zu erhalten waren, war es notwendig, Fußboden und Estrich vorsichtig freizustemmen. Vorher war der Grundriß der Zeichnung auf das Parkett zu übertragen und dieses dann entsprechend auszusägen (s. Abb. 50 und 51).
Da der Sockel für den Ofen aus 7,5 Zentimeter dicken Ytong-Platten gemauert werden sollte, war es notwendig, entsprechende Auflagepunkte anzulegen, die an den Heizschlangen vorbei und durch die Isolierschicht hindurch direkten Kontakt zur Betonsohle haben mußten, um die spätere Last des Ofens (ca. 1500 kg) direkt zu übertragen (s. Abb. 52).

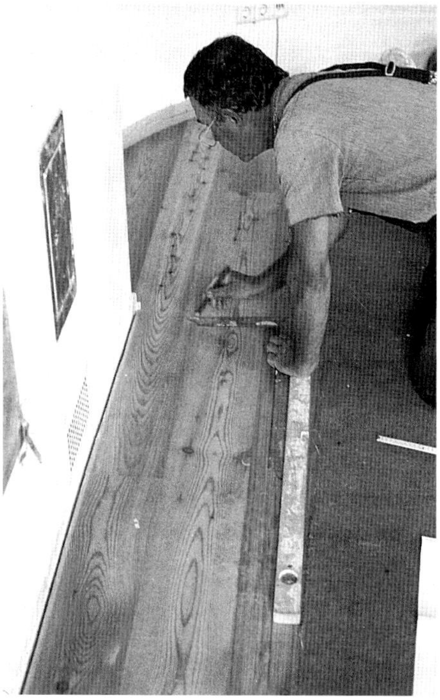

50 Übertragen der Grundrißzeichnung auf das Parkett

51 Freigestemmte Ofengrundfläche mit Heizschlangen der Fußbodenheizung

52 Auflagepunkte (Ziegel) für die Sockelplatte

53 Mauern des Sockels mit Gasbetonsteinen

Nach kurzer Abbindezeit und ergänzenden Höhenkorrekturen (der Sockel sollte in Fußbodenhöhe beginnen) konnten die Gasbetonsteine in Kalkmörtel gesetzt werden (s. Abb. 53). Damit der Kamineinsatz später in bequemer Höhe befeuert werden kann, wurden die Steine im Bereich des Einsatzes im unbeschnittenen Format hochkant gesetzt (Höhe: 32 cm); im Bereich der keramischen Züge war die Schornsteinbelüftung zu berücksichtigen.
Bevor der Kamineinsatz auf die L-Eisen gesetzt werden konnte, war es notwendig, die Innenflächen der Ytong-Steine mit einem feuerfesten Mörtel zu beschichten; mit demselben Mörtel (Haftmörtel) ließ sich auch das Zuluftgitter in den Sockel setzen. Dieser Mörtel eignet sich übrigens auch – in Verbindung mit Putzgewebe –, um Eck-Verbindungen zusätzlich zu stabilisieren.
Nachdem der Sockel fertiggestellt war, konnte der Kamineinsatz (Gewicht: 173 kg) mit Hilfe der Sackkarre vorsichtig auf die Auflageeisen (s. Abb. 54) gesetzt und in Lot und Waage korrigiert werden (s. Abb. 55).

54 Sockel im Kamineinsatzbereich mit Auflageeisen für den Einsatz; rechts Beginn der Abdeckung

55 Fertiger Sockel für den Einsatz (links, mit Einsatz) und für die künftigen Liegezüge, die aber erst oberhalb der Reinigungsöffnungen beginnen konnten

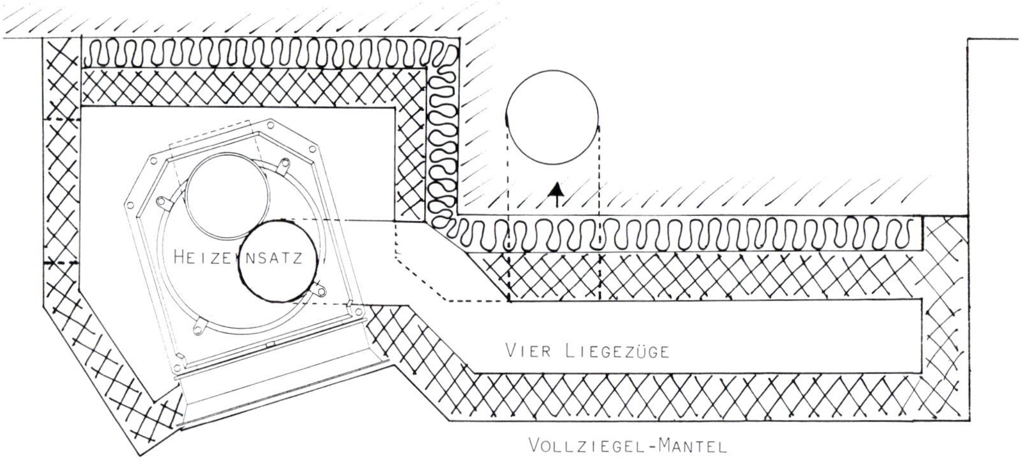

Zeichnung 2 Grundrißzeichnung des Steinofens

56 Wandisolierung und Sockelerhöhung bis zur Oberkante der Reinigungsöffnungen im Schornstein

Heizeinsatz ummauern, Sockel ergänzen

Zu den Grundregeln des Ofenbaus gehört, daß wandanschließend gebaute Kachel- oder Steinöfen die Wärme nicht an Wände und Schornsteinlaibungen abgeben können. Deshalb ist zwischen Ofenrückwand und gemauerter Zimmerwand sowie der Schornsteinlaibung immer eine Isolierschicht anzubringen (siehe Zeichnung: Ofengrundriß). Hierfür eignen sich sechs Zentimeter dicke, nicht brennbare Mineralwolle-Platten. Werden diese Platten im Warmluftströmungsbereich installiert, sind sie mit einem feuerfesten Mörtel zu bestreichen, um zu vermeiden, daß die Warmluft Mineralfaserteilchen an die Raumluft abgibt. (Anmerkung: In einem anderen Beispiel zeigen wir, wie diese Platten vor der Montage beidseitig (!) beschichtet werden; s.S. 110, Abb. 187).

In diesem Beispiel, in dem der Heizkamin-Einsatz umlaufend mit einem Vollziegel zu ummanteln war, wurden die unbeschichteten Dämmplatten vor dem Mauern mit Stahlnägeln an der Wand befestigt. Eine Beschichtung war deshalb nicht erforderlich, weil die davor zu mauernde Ofenwand und die spätere Abdeckung Luftströmungen verhinderten.
Parallel dazu wurde der Sockel im Bereich der Reinigungsöffnungen soweit erhöht (s. Abb. 56), bis mit den Vorbereitungen für den ersten Liegezug begonnen werden konnte. Bei näherer Betrachtung fällt dem Leser auf, daß sich bereits in diesem Stadium die endgültige Form des gemauerten Ofens andeutet. Dem gingen allerdings intensive Gespräche mit dem Bauherren-Ehepaar voraus, zumal sich hier alternative Gestaltungsmöglichkeiten anboten.
Die Gasbetonsteine wurden weiterhin mit Kalkfertigmörtel gemauert, während für die Ziegelsteine ein feuerfester Fertigmörtel (Wodtke, »Feuer-Fertigmörtel«) verwendet wurde.

57 Mit Ziegelsteinen abgedeckter Gasbetonstein-Sockel

58 Mit Schamotteplatten abgedeckte Ziegellage; in Bildmitte sieht man die notwendige Maurerschnur für die Außenwandmauerung

Mauern der Züge

In Abbildung 56 ist der Heizeinsatz bereits fast vollständig mit Vollziegeln ummauert und der Sockel aus Gasbetonsteinen mit einer flach gemauerten Ziegellage abgedeckt (s. Abb. 57). Diese Ziegellage ist die Basis für den ersten Liegezug und wird deshalb mit abgemagertem Schamottemörtel gemauert, wobei die Außenkante, die beim Kachelofen mit Ofenkacheln gesetzt wird, hier ebenfalls mit Vollziegel gemauert wird; allerdings sind die Steine hier hochkant und mit einem Spezialmörtel (Feuer-Fertigmörtel) zu setzen; das gleiche gilt für die Ofen- bzw. Zug-Rückwand. Statt der preiswerten Ziegelsteine hätten auch erheblich teurere Schamotteziegel verwendet werden können, die über eine höhere Temperaturwechselbeständigkeit und höhere Speicherfähigkeit verfügen. Um dennoch den Wärmedurchgang zu mindern, ist die Ziegellage – insbesondere die Fugen – mit Schamottemörtel »abzudichten« und mit einer Lage Schamotteplatten (Dicke: 15 mm) abzudecken (s. Abb. 58).
Ausgehend von der Schamottelage des ersten Zuges ließen sich nun die einzelnen Zughöhen festlegen (Durchmesser Heizgasstutzen/Übergang zum 1. Zug = 180 mm):

1. Zug 25 cm	3. Zug 20 cm
2. Zug 22 cm	4. Zug 18 cm

Die Zugbreite lag bei allen vier Zügen bei 19 Zentimetern.

Bei dem Wort »Festlegen« stellt sich die Frage nach den Berechnungsgrundlagen. Dazu zwei Antworten:

1. Der Ofensetzer könnte umfangreiche Berechnungen anstellen, in denen die unterschiedlichsten Strömungsgeschwindigkeiten und Strömungshindernisse im Schornstein und dem Ofen zu berücksichtigen sind, die wiederum mit der Heizleistung des Einsatzes (bei einer bestimmten Menge Holz im Brennraum) »korrelieren«. In der Praxis jedoch greifen die meisten Ofensetzermeister auf ihre Erfahrungen zurück.
2. Der Ofenbaumeister kombiniert »Erfahrungswerte« bisher gesetzter Öfen und Angaben des Herstellers von Heizeinsätzen. In diesem Beispiel ist der Heizkamin-Einsatz einem Heizeinsatz vergleichbarer Nennheizleistung fast gleichzustellen, bei dem der Hersteller einen Querschnitt von 22 x 22 Zentimeter für den ersten und 16 x 16 Zentimeter für den letzten Zug empfiehlt.

57 △

58 ▽

In diesem Beispiel hat sich der Ofenbaumeister bei dem ersten Zug-Querschnitt an den Vorgaben des Herstellers orientiert, wollte aber im letzten Zug die Strömungsgeschwindigkeit der Rauchgase etwas verzögern, mehr »Volumen« zur Verfügung stellen und den Übergang zum Schornstein (Durchmesser: 180 mm) erleichtern.
Sind die einzelnen Zughöhen festgelegt, kann der Ofensetzer Vorder- und Rückwand so hoch mauern, bis der erste Zug komplettiert werden kann. Das heißt, die Ziegelwände sind innenseitig – wie beim Kachelofenbau – mit einem Vorschub aus 25 bzw. 15 Millimeter dicken Schamotteplatten zu versehen, die mit abgemagertem Schamottemörtel »angerieben« werden. Da diese Schamotteplatten die Abdeckung des ersten Zuges tragen, werden sie vorher auf eine Höhe von 25 Zentimeter mit der Steintrennmaschine zugesägt.
In der Abbildung 59 wird die Konstruktion des ersten Zuges deutlich: links und rechts sieht man die hochkant gemauerten Ziegelsteine, die innenseitig mit einem Schamottevorschub versehen sind; rechts, an der Schornsteinwandung, ist die Isoliermatte zu erkennen. Bis zur Übergangsöffnung (19 x 19 cm) wurde der erste Zug (wie auch alle weiteren!) mit 25 mm dicken Schamotteplatten abgedeckt. Im Hintergrund (oben) ist der »Schamotte-Anschlußstein« gesetzt, der das verlängerte Heizgasrohr des Heizeinsatzes mit dem ersten Liegezug verbindet. Dieser Anschlußstein ist deshalb sehr wichtig, weil er die Dehnungskräfte des Ofenrohres (Metall) »auffängt«, also Rißbildungen im »keramischen« Teil verhindert. Da aber auch dieser Stein sich während des Heizvorganges geringfügig ausdehnt, ist es notwendig, eine Dehnungsfuge zum äußeren Ofenmantel vorzusehen. Ein Stückchen Pappe zwischen Kaminanschlußstein und Ziegelaußenwand reicht hierfür aus, wie in der Abbildung 60 deutlich wird.
Statt der Pappe wird aber immer häufiger Mineralfaserfilz verwendet, der umlaufend anzulegen ist (siehe Kapitel: »Flächenheizung« S. 107).
Doch zurück zur Abbildung 59, wo sich der Leser vielleicht fragt, welche Bedeutung die hochkant gestellte Schamotteplatte vor dem Anschlußstein hat. Hier sei vorweg darauf hingewiesen, daß der Abgasstutzen des Einsatzes, der in Höhe des zweiten Zuges austritt, über einen kurzen Sturzzug in den ersten Liegezug zu leiten war und deshalb diese noch nicht abgeschlossene »Prallwand« erforderlich machte. Die Abbildungen werden diesen Sachverhalt verdeutlichen; dem interessierten Leser sei aber gesagt, daß hierfür 4 cm dicke Schamotteplatten mit Nut und Feder verarbeitet wurden.

59 Mit Schamotteplatten abgedeckter erster Liegezug und Übergang zum zweiten Liegezug (unten)

60 Im Bild der Kaminanschlußstein mit Pappestreifen zur äußeren Ofenwand (Dehnungsfuge) und Reinigungsöffnung in der dritten Ziegellage

61 Passend zugeschnittene Ziegel für die später einzuschamottierende Reinigungskapsel

Wer mit dem Kachelofenbau vertraut ist, weiß, daß es für Reinigungsöffnungen Ofenkacheln gibt, in denen diese Öffnungen vorgesehen sind; für diese werden auch entsprechende Reinigungskapseln angeboten. Verwendet man statt der Ofenkacheln Ziegelsteine, ist dieses Problem vor Ort zu lösen, indem die Ziegelsteine auf der Steintrennmaschine derart zugeschnitten werden, daß die Reinigungskapsel später problemlos eingesetzt werden kann (s. Abb. 61).
Die erste Reinigungsöffnung (s. Abb. 61) in der dritten hochkant gesetzten Ziegellage ermöglicht den Zugang zum ersten Zug und zum Rauchrohr (durch den Anschlußstein hindurch) des Heizeinsatzes.
Da diese Reinigungsöffnung in unmittelbarer Nähe des Rauchgasstutzens liegt, also hohen Temperaturen (über 200 Grad) ausgesetzt ist, empfiehlt es sich, die nächste Ziegelsteinlage mit einem Bewehrungsstreifen zu verstärken (siehe Abb. 60). Diese Putzgewebetapete, die später auch als Putzträger verwendet wird, sollte grundsätzlich in jede zweite oder dritte Mauerfuge und insbesondere in den Eckverbindungen verstärkend eingesetzt werden.
Statt des Kunststoffgewebes können auch Streifen eines metallenen Putzträgergewebes verwendet werden.
Während die Außen- und Innenwand des zweiten Zuges hochgemauert wird und die Ummantelung des Kamineinsatzes abgeschlossen ist, wird dieser »Mantel« von innen mit abgemagertem Schamottemörtel fugendicht »abgerappt«, um Verwirbelungen der aufsteigenden Warmluft während der Feuerungsphase zu verhindern. Anschließend wird die Decke oberhalb des Einsatzes mit 15 Millimeter starken Schamotteplatten abgedeckt, die auf zugeflexten L- und T-Eisen mörtelfrei liegen und danach mit einer zwei Zentimeter dicken Kalkfertigmörtel-Schicht abgedeckt wurden.
Um einen gleichmäßigen Höhenausgleich zu erreichen, wurde die Abdeckfläche über dem Heizeinsatz nochmals mit Schamotteplatten (fugenversetzt) und Kalkfertigmörtel abgedeckt.
In Abbildung 62 ist der zweite Liegezug noch nicht mit Schamotteplatten ausgekleidet. Dieser »Vorschub« aus 15 Millimeter dicken Platten wird, wie beim Kachelofenbau, mit abgemagertem Schamottemörtel an die Ziegelwand »angerieben«, wobei eine Hand für den notwendigen Gegendruck sorgt, um die Außenwand (sonst Kachelwand) nicht zu beschädigen (s. Abb. 63 und 64).

62 Mit Schamotteplatte abgedeckter Kamineinsatzbereich mit Warmluft-Austrittsgitter; im Vordergrund ist der zweite Liegezug (ohne Vorschub) zu sehen

63 Ansetzen der Schamotteplatte im zweiten Liegezug

Aufgrund der Zugkonstruktion (kurzer Sturzzug und nachfolgende Liegezüge) ist es notwendig, eine Möglichkeit vorzusehen, die die Rauchgase vom Heizkamin-Einsatz direkt in den Schornstein lenkt. Dies wird mit dem Einbau einer sogenannten Anheizklappe erreicht, die später vor dem Anheizen geöffnet wird, um den notwendigen »Zug« (Unterdruck) schnell zu erreichen.
In diesem Beispiel konnte die Anheizklappe direkt oberhalb des Sturzzuges in Haftmörtel gesetzt werden (s. Abb. 65).
In der Abbildung ist gut zu erkennen, daß die Anheizklappe auf der vier Zentimeter starken Prallplatte aufliegt, die nach unten hin leicht schräg gesetzt wurde; die gleiche Plattenstärke wurde auch für die »Rückwand« des Sturz- bzw. Anheizzuges verwendet. Zwischen dem Rahmen der Anheizklappe und der Schamotterückwand wurde ein ein Zentimeter breiter Schlitz freigelassen, der die Funktion des »Gasschlitzes« erfüllt.
Nach Abschluß dieser Arbeiten wurden die Ziegelaußen- und Rückwandarbeiten bis zu Beginn des dritten Zuges fortgesetzt, wobei der zweite Zug zunächst mit 25 Millimeter dicken Schamotteplatten – bis auf die Öffnung zum dritten Zug (ca. 20 x 20 cm) – abzudecken war. Um den ersten und zweiten Zug später reinigen zu können, war eine weitere Reinigungsöffnung dort notwendig, wo der erste in den zweiten Zug übergeht (s. Abb. 66).
Nicht zu vergessen ist weiterhin die Isolierung der angrenzenden Wand- und Schornsteinflächen mit Mineralwolle-Dämmplatten.

Eine dritte Reinigungsklappe war dort erforderlich, wo der dritte Liegezug in den vierten Liegezug übergeht (s. Abb. 67), während die vierte und letzte Reinigungsöffnung unmittelbar vor dem Anschlußrohr zum Schornstein, also oberhalb der Anheizklappe vorgesehen wurde (s. Abb. 68).
Zu den abschließenden konstruktiven Arbeiten dieses Steinofens gehörte die Abdeckung des dritten Liegezuges mit 25 Millimeter starken Schamotteplatten und das Mauern des letzten (4.) Liegezuges, der ebenfalls mit einem Vorschub versehen (15 mm) und mit Schamotteplatten abgedeckt wurde (s. Abb. 69).
Die Schamotteplatten und die umlaufende Ziegelwand wurden dann endgültig mit flach in abgemagertem Schamottemörtel ausgelegten Ziegelsteinen abgedeckt.

64 Mit Vorschub versehener zweiter Liegezug

65 Montierte Anheizklappe oberhalb des Sturzzuges mit direktem Zugang zum Schornstein; rechts im Bild der zweite Liegezug

66 Mit Schamotteplatten abgedeckter zweiter Zug und vorbereitete Reinigungsöffnung für den ersten und zweiten Zug

67 Übergang vom zweiten in den dritten Liegezug unterhalb der geöffneten Anheizklappe; unten rechts ist die Reinigungsöffnung für den dritten und vierten Zug zu erkennen

66 △

67 △

68 Oben in der Mitte ist die vierte Reinigungsöffnung zu erkennen, die einen direkten Zugang zum Schornstein ermöglicht

69 Abdeckung des vierten Liegezuges mit 25 mm starken Schamotteplatten (im Bild unten: die Reinigungsöffnung für den dritten und vierten Zug)

68 ▽

69 ▽

70 »Aufziehen« des Hafnerputzes auf die Ziegelwand

Verputzen des Steinofens

Nach Abschluß der konstruktiven Arbeiten konnte mit dem Verputzen begonnen werden. Wer das schon mal gemacht hat, weiß, daß das leichter gesagt, denn getan ist, wenn professionelle Qualität erwartet wird, die jeder Ofensetzermeister auch bei einem Steinofen zusichert.
Das Verputzen dieses Ofens (des Ziegelmantels) erfolgte in drei Arbeitsgängen:

1. Flächiges »Aufziehen« des Spezialputzes (Hafnerputz)
2. Anreiben der Gewebetapete
3. Nachputzen und »Abziehen«

Da der Hafnerputz, der mit der Glättkelle aufgezogen wird (s. Abb. 70), relativ schnell abbindet, und die Gewebetapete »naß in naß« zu verlegen ist (s. Abb. 71), lassen sich immer nur kleinere Flächen nacheinander bearbeiten.
Die Gewebetapete ist ein Armierungsgewebe, das Rißbildungen verhindert bzw. überbrückt und deshalb luftblasenfrei mit der Glättkelle in den Putz zu reiben bzw. abzuziehen ist. An Ecken und Kanten ist die Tapete nicht umlaufend, sondern »auf Stoß« zu verlegen. Im Kapitel »Flächenheizsystem« wird nochmals auf die Verarbeitung dieses Gewebes eingegangen (s. S. 138, 139), wobei auch die Empfehlung erwähnt wird, die Fläche vorher mit einem Schamotte-Haftmörtel zu verputzen.
Nachdem der wärmeabstrahlende Teil des Ofenmantels verputzt und mit der Gewebetapete versehen ist, werden die Reinigungsöffnungen freigeschnitten und die ausgefütterten Reinigungskapseln mit ausreichend Schamottemörtel eingesetzt (s. Abb. 72), wobei die umlaufenden Fugen provisorisch abgedeckt werden, damit sie im nächsten Arbeitsgang (Nachputzen) nicht dichtgeputzt werden.
Normalerweise könnte die Armierung mit einer dünnen Verputzmörtelschicht versehen werden. Hier entschied man sich aber für eine etwa einen Zentimeter dicke Hafnerputzschicht, die das Ansetzen von »Putzschienen« erforderlich machte, um eine gleichmäßige waage- und lotrechte Putzschicht zu gewährleisten. Das setzt natürlich voraus, daß die Putzschienen zunächst lotrecht in Mörtel (Hafnerputz) zu setzen (s. Abb. 73) und mit der Wasserwaage zu überprüfen sind. Durchbrüche – in diesem Beispiel die Öffnungen zu den Reinigungstüren – mußten mit glattkantigen Brettern ausgekleidet werden, die einen Zentimeter (Putzstärke) herausragten.

71 Anlegen der Gewebetapete

72 Einsetzen der Reinigungs-kapseln

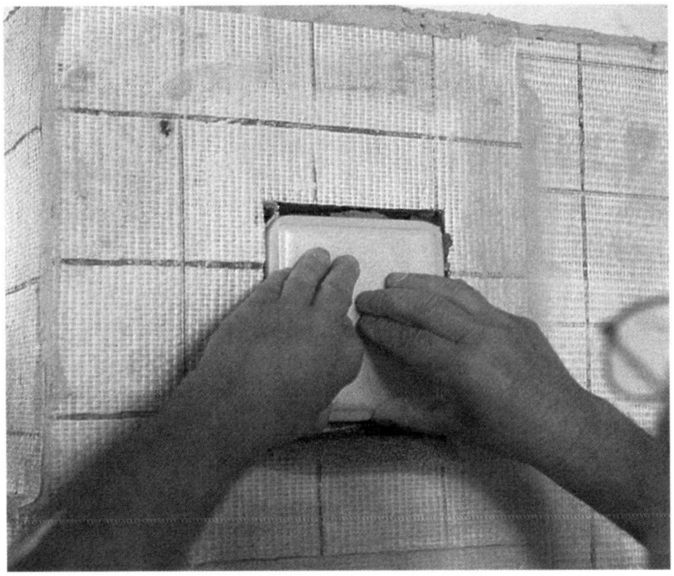

73 Hier wird eine hölzerne Putzschiene lotrecht in Mörtel gesetzt

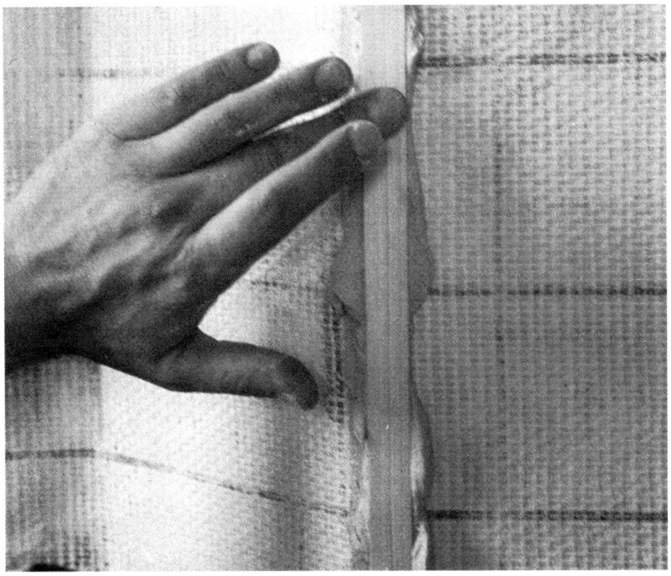

74 Zunächst wird der Hafnerputz mit der Glättkelle aufgezogen

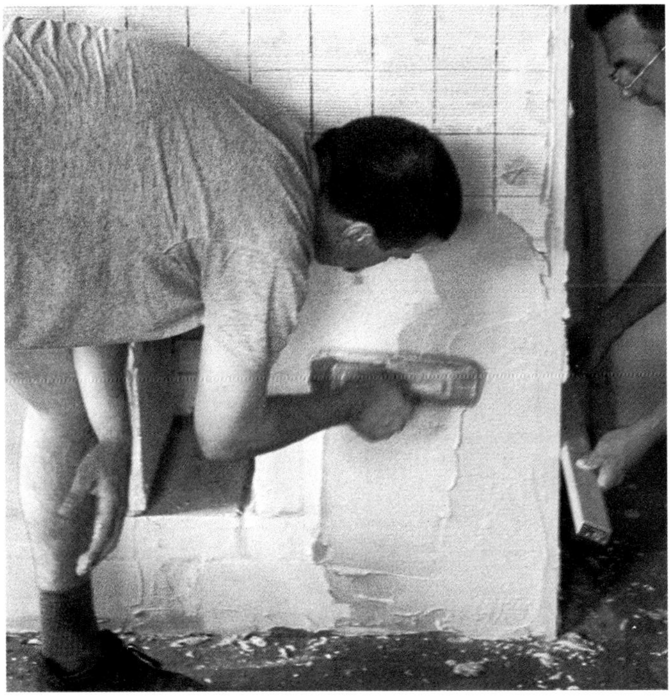

75 Als nächstes muß die Putzfläche mit dem Richtscheit korrigiert werden

Mit der Glättkelle kann nun der Hafnerputz aufgezogen werden, wobei man zwischendurch mit dem Richtscheit, das auf beiden Putzschienen aufliegt, die Putzschicht flächig korrigieren sollte. Aufziehen und Korrigieren wiederholt sich, bis alle Flächen gleichmäßig verputzt sind, die abschließend mit einem feuchten Schwammbrett nachgeglättet werden (s. Abb. 74–76).
Nach Abschluß der Putzarbeiten werden die Reinigungsöffnungen (hier: alle umlaufenden Fugen) nachträglich »modelliert«, bis eine gleichmäßige Schattenfuge erreicht ist.
Eine letzte Feinkorrektur der Oberfläche ist auch nach dem Abbinden des Putzes möglich: Mit einem handgroßen Styropor-Stückchen lassen sich feine Unebenheiten ausgleichen und Kanten entgraten.
Damit waren alle Arbeiten abgeschlossen und der Steinofen mit Heizkamin-Einsatz einsatzbereit: Die bereitgestellte Flasche Champagner konnte geöffnet werden!

76 Schließlich wird die fertige Putzfläche mit dem Schwammbrett nachgeglättet

77 Fertiger Steinofen mit Heizkamin-Einsatz

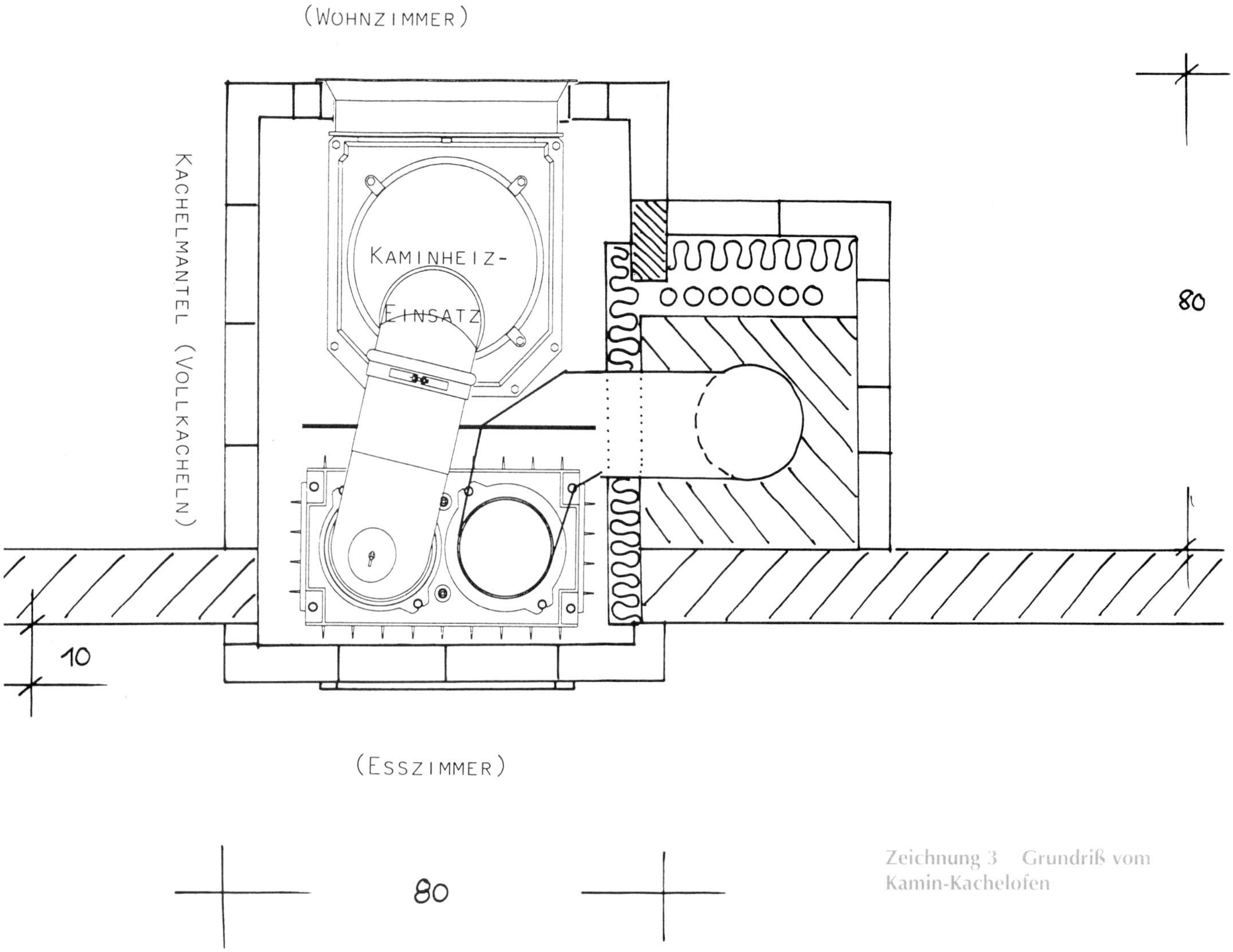

Zeichnung 3 Grundriß vom Kamin-Kachelofen

Kamin-Kachelofen

HEIZKAMIN-EINSATZ MIT GUẞNACHHEIZFLÄCHE UND KACHELMANTEL

(Strahlungswärme und Warmluft im Eßzimmer und Wohnzimmer)

- *Bauart*
  Heizkamin-Einsatz (Brunner HKD 2), Nennheizleistung 8,5 kW mit Gußnachheizfläche (Nachheizkasten; Brunner GNF 10); Kachelmantel aus Volllkacheln (»Klima«-Kachel; Brunner); ohne Sockel; Warmluft-Kachelofen-Bauweise

- *Probleme*
  1. Mauerdurchbruch vom Wohnraum zum Eßzimmer nicht vorhanden (Neubau!)
  2. Dito Öffnung zum Schornsteinzug
  3. Am Schornstein, raumseitig im Kachelofenbereich, waren Heizungsrohre für das Obergeschoß montiert und mit Schaumstoffmänteln isoliert. Die Empfehlung des Kachelofenbaumeisters, diese und die wandanschließende Fläche ebenfalls mit Strahlungswärme und Warmluft zu erwärmen, womit der Kachelmantel um eine Kachel breiter und tiefer in den Raum zu setzen wäre, wurde aus optischen Gründen abgelehnt, mit dem Ergebnis, daß fast ein Drittel des Kachelmantels im Wohnbereich keine Wärme abgeben wird! Auch die damit verbundene Idee, den Flur mit Warmluft zu versorgen oder im Eß- oder Wohnzimmer eine Warmluftflächenheizung, also eine wärmeabstrahlende Wand zu installieren (die Heizleistung des Brunner-Systems hätte ausgereicht), wurde von der Architektin abgelehnt.
  4. Die Reinigungsklappe für den Schornsteinfeger (Schornsteinreinigung) war ebenfalls im Kachelofenbereich installiert und mußte im Kachelmantel berücksichtigt werden.

- *Problemgrund*

Der Kachelofenbaumeister wurde zu spät in die Bauplanung einbezogen.

BAUABLAUF

Grundriß und Standort des Heizkamin-Einsatzes festlegen

Die ersten Arbeitsgänge waren auf das Abzugsloch zum Schornstein und den Durchbruch vom Wohnraum zum Eßzimmer konzentriert.
Die Schornsteinöffnung für das Rauchrohr wurde wie folgt ermittelt: Der Kachelmantel sollte sieben Schichten hoch gesetzt werden; daraus ergeben sich, bei einer Kachelhöhe von 22 Zentimetern, als Höhe der Oberkante der Rauchrohröffnung 154 Zentimeter (die 6 cm für die Fugen bleiben unberücksichtigt, da für die Abdeckfliese wieder 6 cm abgezogen werden müssen). Vorgesehen war ein Rauchrohr mit einem Durchmesser von 180 Millimetern. Unterhalb dieser Markierung setzt man das Rauchrohr an und markiert den Kreis, der mit umlaufender »Luft« freizustemmen ist.
Um den Mauerdurchbruch genau festzulegen, war zu bedenken, daß die Schornsteinwand mit einer sechs Zentimeter dicken, nicht brennbaren Isolierung zu versehen war und ein Mindestluftraum von acht Zentimetern bis zum Gußkörper des Heizkamin-Einsatzes einzuhalten war. Damit war die erste Höhenlinie festgelegt. Und da der 55,7 Zentimeter breite Nachheizkasten in den Durchbruch passen sollte, wurde eine Breite von 60 Zentimetern gewählt. Die Höhe für diesen Durchbruch ergab sich aus der Anzahl der Kachelreihen (7) im Eßzimmer; statt 154 wurden 152 Zentimeter vom Estrich ab gewählt (2 cm wurden abgezogen, damit die Simskachel mit der Mauer verbunden werden konnte). Die Fläche von 60 x 152 Zentimetern wurde dann mit der Flex angeschnitten und freigestemmt.
Erst danach konnte damit begonnen werden, den Grundriß auf den Estrich (nicht isoliert!; direkter Kontakt zur Betonsohle) zu übertragen (s. Abb. 79).

Nachdem der Grundriß (die äußere Setzkante des Kachelmantels) im Wohnzimmer markiert und in das Eßzimmer übertragen worden war, wurde diese Setzlinie nochmals überprüft, indem ein Teil der ersten Kachelreihe auf Fugenbreite hochkant gestellt wurde; gleichzeitig konnte der »Standort« der Frontblende (des Einsatzes im Wohnzimmer) festgelegt werden (s. Abb. 80). Das ist sehr präzise zu messen, da die »zweikachelnbreite« Blende die Kachelanschlüsse seitlich, oben und unten zu überdecken hat.

Das läßt sich alles mit Zimmermannswinkel, Zollstock und Richtscheit klären – der Praktiker weiß aber, wie er vorzugehen hat: Er stellt die Blende zwischen die entlang der Setzkante aufgestellten Kacheln und fixiert damit den endgültigen Stand der anschließenden Kachelreihen.
Ist der beidseitige Kachelanschluß zur Blende auf dem Boden markiert, ist damit auch der Standort des Einsatzes festgelegt. Aber: Wie hoch muß der Sockel unterhalb des Kamineinsatzes sein, damit später kühlere Raumluft den Einsatz – vom Boden kommend – »umspülen« kann und sich erwärmt, um das gewünschte Warmluft-Volumen im Eß- und Wohnzimmer zu gewährleisten? Ebenso wichtig war dem Kachelofenbaumeister, daß die Fuge oberhalb der vierten Kachelreihe von dem Blendrahmen abgedeckt wird, um ein optisch ruhiges Fugenbild zu erhalten.

Für die Sockelhöhe – zwischen Boden und Einsatz – empfiehlt der Hersteller eine Mindesthöhe von 145 Millimetern, läßt aber auch noch (DIN-geprüfte) 210 Millimeter zu. Das heißt, der Kachelofenbaumeister hat mit der Höhen-Differenz (65 mm) eine Gestaltungsmöglichkeit, um den Heizeinsatz (hier: Sichtbare Blende, die das feuerfeste Glas einrahmt und später das lodernde Feuer erlebbar macht) und die Kachelfuge nach seinem Harmonieempfinden anzubringen. Obwohl der Hersteller einen Bodenrahmen anbietet, der höhenverstellbar ist, entschied sich der Ofensetzer für einen gemauerten Sockel, dessen Setzlinien vorher festzulegen waren (s. Abb. 81).

78 Der Kamin-Kachelofen verbreitet nicht nur eine gemütliche Wärme, sondern er läßt einen auch am Spiel der Flammen teilhaben (die Farbe der Kacheln stimmt nicht überein mit der des im Detail vorgestellten Ofens; Foto: Fa. Brunner, Eggenfelden)

79 Übertragen des Grundrisses auf den Estrich; links im Bild sind die Schornstein-Reinigungsklappe und daneben die ummantelten Heizungsrohre zu erkennen; dahinter ist ein Teil des Wanddurchbruches zu sehen

80 Einpassen der Frontblende zwischen die auf die Setzkante gestellten Kacheln ▷

81 Der gemauerte Sockel für den Heizkamin-Einsatz wird mit Schamotteplatten abgedeckt (Haftmörtel); im Hintergrund ist die mit Haftmörtel eingespachtelte Dämmplatte am Schornstein zu sehen ▷▷

82 Festlegen der Setzlinie unterhalb der Blende des Einsatzes

Nach kurzer Abbindezeit konnte der 173 Kilogramm schwere Einsatz mit der Sackkarre millimetergenau auf den Sockel gesetzt werden. Anschließend wurden die Kacheln auf der Setzlinie nochmals ausgelegt, um ihren endgültigen Stand festzulegen (s. Abb. 82).
Sind alle Setzlinien maß- und winkelgenau auf dem Boden markiert, wird der Ofen komplettiert (Einbau des Schamottierungssatzes/Brennraumauskleidung und Oberteilmontage) und um den Nachheizkasten ergänzt (s. Abb. 83), der mit einem Heizgasrohr zu verbinden ist.

Kachelmantel im Eßzimmer setzen

Vom ersten Beispiel in diesem Buch wissen wir, wie eine Ofenkachel aussieht, wie sie zu setzen, zu verzwickern, auszufüttern und – je nach Bauart – mit einem Vorschub aus Schamotteplatten zu versehen ist.
Für die Kachelmäntel im Eß- und Wohnzimmer wurden sogenannte »Vollkacheln« verwendet, die der Hersteller (Brunner) als »Klimakacheln« über den Fachgroßhandel für Kachelofenbau-Meisterbetriebe anbietet. Unabhängig von den »thermischen« Eigenschaften dieser neuen Ofenkachelform, die eher einem glasierten Schamotteziegel im Kachelformat (18 x 22 x 6,5 cm) ähnelt, sind die Verarbeitungsvorteile für den Ofensetzer offensichtlich: Ist die Kachel in einem hierfür entwickelten Haftmörtel gesetzt, kann auf das bereits erwähnte Verzwickern, Verklammern und Ausfüttern verzichtet werden. Eine erhebliche Arbeitserleichterung für den Kachelofenbaumeister; aber auch ein Abschied von bewährten Handwerkstechniken?
Keineswegs. Sie ist eine ergänzende Alternative zu den vielfältigen Verarbeitungsmaterialien im Ofenbau, also letztlich eine Herausforderung für den Ofensetzer.
Aber zurück zur Praxis:
Der Kachelmantel im Eßzimmer war vier Kacheln breit und sieben hoch (plus Sims) geplant, wobei in die letzte Kachelreihe eine Warmlufttür einzusetzen war; wegen des gewünschten Warmluftkreislaufs mußte die erste Kachelreihe mit zwei Lüftungskacheln versehen werden, die später mit Gittern ergänzt wurden.

83 Heizkamin-Einsatz mit Nachheizkasten

84 Setzen der Sockeleck-Kachel; rechts daneben die beiden Lüftungskacheln (ohne Gitter)

Als Verarbeitungsmasse wurde ein »Feuer-Fertigmörtel« (Wodtke) verwendet, also kein normaler Schamottemörtel, der über Nacht »einzusumpfen« ist, sondern in einer Gipserpfanne pastenförmig angerührt und mit einem Spachtel bzw. einer Fliesenkelle verarbeitet wird. Alternativ hätte auch der Haftmörtel (Brunner) verwendet werden können. Interessant ist, daß der Ofensetzer nicht mehr mit der nassen Hand eine Mörtelkugel formt und das Mörtelbett auslegt, sondern nur noch mit der kleinen Kelle arbeitet. Da der Spezialmörtel sehr schnell abbindet, muß recht zügig gearbeitet werden; es sollte nur so viel Mörtel angerührt werden, wie in 30 Minuten verarbeitet werden kann.
Obwohl derartige Spezialmörtel kein Verklammern und keine Verankerung an das vorhandene Mauerwerk notwendig machen, entschied sich der Ofenbaumeister dafür, die einzelnen Kacheln jeweils oben zu verklammern (s. Abb. 86) und jede zweite Reihe mit dem Mauerwerk zu verankern.
Sind die einzelnen Kacheln waage- und lotrecht gesetzt und nach kurzer Abbindezeit verklammert, sind die Kachelfugen nach jeder gesetzten Reihe für das spätere Verfugen freizukratzen.
Ist die Wärmetür eingebaut und der abschließende Sims gesetzt, läßt man den unverfugten Kachelmantel einen Tag trocknen, um ihn danach zu verfugen. Dabei wird die Fugenmasse mit einem Fugenspachtel aufgetragen und nach kurzer »Anziehzeit« mit einem trockenen Tuch gesäubert.

85 Der Ofensetzer versieht eine Vollkachel mit Spezialmörtel ▷

86 Im Bild zwei verklammerte Vollkacheln ▽

Kachelmantel im Wohnzimmer setzen

Es wurde bereits erwähnt, daß die Kachelfuge zwischen der vierten und fünften Kachelreihe hinter der Blende des Heizkamin-Einsatzes verlaufen sollte. Um diesen Fugenverlauf präzise zu erhalten, wurden die einzelnen Höhenmaße (Kachel plus Fuge) – ausgehend von der untersten Kachelreihe – auf ein Klebeband markiert, das an den rechten Blendrahmen angeklebt worden war. Um herstellungsbedingte Maßtoleranzen mit zu berücksichtigen, wurden die jeweils zu setzenden Kacheln angehalten und auf dem Streifen markiert (s. Abb. 88).
Nachdem der Fugenverlauf bis zur fünften Kachelreihe festlag, konnten auch die Zuschnitt-Maße für die zweite Kachelreihe (unterhalb und seitlich der Blende) ermittelt werden.
Bevor aber die erste Kachel gesetzt wird, empfiehlt es sich, die erste Kachelreihe nochmals auszulegen und die rechten Winkel zu den anschließenden Wänden mit einem Zimmermannswinkel zu überprüfen. Wichtig ist es auch, die Lotgenauigkeit der Anschlußwände mit Wasserwaage und Richtscheit zu überprüfen.

Wie aus der Abbildung 88 hervorgeht, wurde zwischenzeitlich das Rauchrohr vom Nachheizkasten zum Schornstein installiert und die noch nicht gespachtelte Isolierung angebracht. Erwähnt sei auch, daß das Rauchrohr in ein doppelwandiges Wandfutter zu führen war, welches vorher mit Schamottemörtel in die Schornsteinöffnung gemauert wurde. Zum Abdichten der Reinigungsklappe an diesem Rauchrohrbogen wurde ebenfalls abgemagerter Schamottemörtel verwendet.
Nach diesen Vorbereitungen konnte die erste Kachelreihe in Spezialmörtel (Feuer-Fertigmörtel) gesetzt werden (s. Abb. 89). Auch hier legte der Ofensetzer Wert darauf, die einzelnen Kacheln nach kurzer Abbindezeit mit Ofendraht zu verklammern.

87 Der Kachelmantel im Eßzimmer kurz vor der Fertigstellung

88 Die Höhenmaße jeder einzelnen Kachelreihe werden auf einem Klebeband markiert

89 Erste in Mörtel gesetzte Vollkachelreihe; links im Bild die zu ummantelnden Heizungsrohre

90 Eck-Konstruktion zum (Wärme-)Schutz der Heizungsrohre

Schon in der ersten Kachelreihe mußte konstruktiv verhindert werden, daß später Wärmestrahlen oder Warmluft an die ummantelten Heizungsrohre gelangen. Wie aus der Abbildung 90 ersichtlich, wurden hierfür versetzt gemauerte Vollziegel hochkant gemauert und zusätzlich mit Ofendraht mit den Kacheln verbunden.
Da durch diese Konstruktion weder Strahlungswärme noch Warmluft in diesen Kachelofenbereich gelangt, sie also nur noch eine optische Ergänzung darstellt, wäre es sicherlich sinnvoll, wenn es für Heizungsrohre ein Isoliermaterial gäbe, das feuerfest ist. Ansonsten müßte der Kachelmantel um eine Kachelbreite herausgezogen und die Heizungsrohre mit einer beidseitig mit Haftmörtel beschichteten – nicht brennbaren – Isoliermatte geschützt werden.

Unabhängig von dieser Problematik sind auch hier die Ofenkacheln in handwerksüblicher Präzision zu setzen (s. Abb. 91): Zum Arbeitsablauf des »Ofensetzens« gehörte aber auch hier, daß jede einzelne Kachelreihe auf festgelegter Fugenbreite in Lot und Waage gesetzt und mit dem Richtscheit auch diagonal überprüft und korrigiert wurde, was bei einem schnell abbindenden Schamottemörtel eine sehr disziplinierte und präzise Arbeitsweise erfordert.

91 Gesetzte Vollkacheln werden mit der Wasserwaage auf waagerechten Stand überprüft

92 Lotrechte Prüfung der ersten Eck-Kachel in der fünften Kachelreihe

Bei genauer Betrachtung der Abbildung 92 ist zu erkennen, daß die vierte Kachelreihe (wie geplant!) fast mit der Oberkante der Blende des Heizkamin-Einsatzes abschließt.
Und schaut man sich das Bild des fertigen Kachelofens (s. Abb. 108) an, fällt auf, daß oberhalb des Heizeinsatzes eine Lüftungskachel eingesetzt ist. Deshalb mußten die mittleren drei Kacheln der fünften und sechsten Schicht exakt gekennzeichnet werden. Für diesen Zweck wurden die sechs Kacheln mit einem Fugenabstand von jeweils einem Zentimeter ausgelegt und unter Auflage der Lüftungskachel für den Zuschnitt auf der Steintrennmaschine vorbereitet (s. Abb. 93–95).

93 Für den Zuschnitt markierte Kacheln

94 Zuschnitt der Kacheln auf der Steintrennmaschine

95 Ausgelegte Kacheln nach dem Zuschnitt

96 Überbrückendes Winkeleisen oberhalb der Kamineinsatz-Frontblende; im Hintergrund ist eine Eck-Kachel der fünften Kachelreihe zu sehen

97 Setzen der ersten Anschluß-kachel auf dem Winkeleisen

98 Korrigierendes Setzen der mittleren Kachel

Bevor diese Kacheln oberhalb der Blende gesetzt werden konnten, war die Breite des Einsatzes mit einem Winkeleisen zu überbrücken (s. Abb. 96), das gleichzeitig Auflage für die fünfte Kachelschicht sein sollte. Beim Zuschnitt des Winkeleisens ist darauf zu achten, daß genügend Ausdehnungsdistanz verbleibt, um zu verhindern, daß das Eisen bei Erwärmung Kacheln wegdrückt. Um die Ausdehnungskräfte an den Enden zusätzlich auszuschalten, ist es zweckmäßig, die Enden des Winkeleisens mit Alufolie zu umwickeln.

Erst jetzt konnte die fünfte Kachelreihe komplettiert werden, wobei für die Auflage auf dem Winkeleisen der bereits erwähnte Haftmörtel verwendet wurde (s. Abb. 97–100).

99 Einsetzen des Lüftungskachel-Rahmens, nachdem die sechste Kachelreihe begonnen wurde

100 Der Kachelmantel nach der sechsten Schicht

Die mittlere Kachel der sechsten Reihe konnte erst später – nachdem der Mörtel abgebunden hatte – gesetzt werden, um zu verhindern, daß diese Kachel die danebenstehenden Kacheln wegdrückt. In der Zwischenzeit konnte die sechste Kachelreihe komplettiert werden.

Zwischen der sechsten und letzten Kachelreihe war ein Kachelband aus grünen und kobaltblauen Einzelteilen geplant (Kachelband und Kachelbandquader; beide 2,5 cm hoch und »kacheltief«), die mit der gleichen handwerklichen Sorgfalt zu setzen waren, wie es für jede einzelne Ofenkachel üblich ist (s. Abb. 101–103). Und auch hier war das Fugenbild einzuhalten.

101 Setzen der Kachelband-quader; auch hier ist absolute Präzision gefordert

102 Gesetztes Kachelband mit der Wasserwaage überprüfen

103 Gesetztes Kachelband oberhalb der Lüftungskachel (ohne Gitter)

104 Setzen des zweiten Kachelbandes oberhalb der siebten (letzten) Kachel-Reihe

Der Praktiker weiß, daß auch dieses Kachelband nach dem Setzen mit einem Richtscheit überprüft und – falls notwendig – auf eine gleichmäßige Flucht korrigiert wird.
Im Anschluß daran konnte die letzte, die siebte, Kachelreihe gesetzt werden (s. Abb. 104 und 105), die ebenfalls mit einem Kachelband abzudecken war, bevor der abschließende Sims angebracht werden konnte. Der Sims, bestehend aus Simsecken und Simsläufern, wiederum sollte erst gesetzt werden, wenn der Ofen abgedeckt ist. Als Auflage sind hierfür »T- und L-Eisen« (2,5 x 2,5 cm) mit der Flex abzulängen (Ausdehnung bedenken!) und derart auszulegen, daß das Lüftungsgitter und die Schamotteplatten (320 x 150 x 15 mm) mit umlaufender »Luftfuge« hineinpassen. Während der Gitterrahmen später mit Haftmörtel »befestigt« wird, sind die Schamotteplatten trocken auszulegen, auf die später die Abdeckfliesen in Mörtel verlegt werden.

105 Fugenbild nach dem Setzen des Kachelbandes

106 Eingepaßtes Lüftungs-Gitter (ohne Rahmen) und trocken ausgelegte Schamotteplatten

Wie in der Abbildung 106 zu erkennen ist, liegen die T- und Winkeleisen auf dem Kachelband auf (rechts im Bild).
Da der Rahmen für das Lüftungsgitter erst dann eingesetzt werden kann, wenn die Oberkante der Abdeckfliesen festliegt, wurde im nächsten Arbeitsgang der Sims gesetzt (s. Abb. 107).
In Abbildung 107 ist wieder deutlich zu sehen, daß der Ofensetzer die Holzkeile zu Hilfe nimmt, um die Simsecke »in Waage« zu justieren. Ist die erste Simsecke gesetzt, wird die gegenüberliegende zweite Simsecke auf gleiche Höhe gebracht; zwischen beiden können nun die Simsläufer fluchtgenau in Mörtel gesetzt werden.

107 Setzen eines Eck-Simses; gut zu erkennen sind die schon bekannten Holzkeile

108 Fertiger, aber noch nicht verfugter Kachelmantel

Ist der Sims komplett gesetzt und mit dem Mörtel standsicher verbunden, kann der Eindeckrahmen für das Lüftungsgitter auf Simshöhe montiert werden; auf Oberkante vom Sims deshalb, weil die Abdeckfliesen nicht höhengleich mit dem Sims, sondern oberhalb dieser Höhenlinie zu verlegen waren, um einen optischen Versatz zu erreichen.
Ist der Eindeckrahmen höhengleich montiert, können die Abdeckfliesen in Kalkfertigmörtel verlegt werden, der zuvor auf Simshöhe ausgelegt war. Um den Höhenversatz (1,5 cm = Dicke der Abdeckplatten) noch zu verstärken, wurden die Fliesen um etwa zwei Zentimeter von der äußeren Simskante nach innen verlegt.
Bevor mit dem Verfugen begonnen wird, sollte der fertige und abgedeckte Kachelmantel einige Tage »austrocknen«; in dieser Zeit können auch die Fugen »ausblühen« und die noch freiliegenden Heizungsrohre verkleidet werden.
Zum Verfugen ist die Fugenmasse zu einer dickflüssigen Konsistenz anzurühren und mit einem Gummispachtel diagonal in die Fugen einzubringen. Dort, wo die Fugenmasse von Hand verarbeitet wird, sind unbedingt Gummihandschuhe zu tragen (s. Abb. 109).
Nachdem die Fugenmasse 15 bis 30 Minuten abbinden konnte, wird sie mit einem feuchten Schwamm nachgerieben und nach kurzer Abbindezeit mit einem trockenen und sauberen Tuch endgültig gesäubert (s. Abb. 110). Falls noch kleine Korrekturen notwendig sein sollten, wiederholt sich dieser Arbeitsgang. Danach ist der Kachelofen fertig.

109 Fugenmasse mit geschützten Händen in die Fugen drücken und anziehen lassen

110 Endgültige Säuberung des verfugten Kachelmantels

111 Fugenbild des fertigen Kamin-Kachelofens

112 Dieser Kachelofen mit Heizeinsatz arbeitet mit einer Verwirbelungskammer

109 Fugenmasse mit geschützten Händen in die Fugen drücken und anziehen lassen

110 Endgültige Säuberung des verfugten Kachelmantels

111 Fugenbild des fertigen Kamin-Kachelofens

112 Dieser Kachelofen mit Heizeinsatz arbeitet mit einer Verwirbelungskammer

Kachelofen

MIT HEIZEINSATZ, »VERWIRBELUNGSKAMMER«, STURZ- UND STEIGEZÜGEN

(Strahlungswärme und Warmluft im Wohnzimmer)

- *Bauart*
  Heizeinsatz (Brunner) mit einer Nennheizleistung von 6 kW; keramische Nachheizzüge (»Verwirbelungskammer«, Sturz- und Steigezüge) mit einer Gesamtlänge von etwa sieben Metern; mittelschwere Bauart; Gesamtgewicht zirka 2000 Kilogramm

- *Probleme*
  1. Mauerdurchbruch für den Heizeinsatz nicht vorhanden (3DF-Wand!)
  2. Kein Schornsteinanschluß
  3. Kein tragfähiger Fußboden im Kachelofenbereich (schwimmender Estrich), obwohl Zeichnung vorlag
  4. Heizungs- und Wasserrohre unterhalb des Estriches (wo?), der Heizungsinstallateur war der Meinung: »Da sind keine!«

- *Problemgrund*
  Obwohl ein Neubau, wurde der Kachelofenbaumeister zu spät in die Bauplanung einbezogen bzw. seine Planungshinweise »vernachlässigt«. Mehrkosten: etwa DM 1.200,–.

BAUABLAUF

Grundriß festlegen

Im ersten Kapitel wurde bereits darauf eingegangen, wie der Grundriß der Zeichnung auf den Boden übertragen werden kann. Statt eine 1:1-Schablone des Kachelofengrundrisses aus Pappe zu verwenden, wurde auch in diesem Beispiel der Grundriß vor Ort auf den Estrich übertragen.

Hierbei waren sieben rechte Winkel präzise festzulegen und miteinander zu einer Kachelmantel-Außenkante zu verbinden, wobei ein gleichmäßiger Fugenabstand zwischen den einzelnen Kacheln einzuhalten war; Zimmermannswinkel sowie Parallel-Messungen mit Zollstock und Richtscheit sind für diesen Arbeitsgang unerläßlich.
Da die Kachelecken »rund« sein sollten, war es sinnvoll, die dafür vorgesehene »Radialkachel« auf die Eckpunkte des Grundrisses zu stellen, um die Außenkante für den Kachelmantel eindeutig festzulegen (s. Abb. 113). Ergänzend sei erwähnt, daß der darunter zu mauernde Sockel um etwa drei Zentimeter vorspringen sollte.

113 Grundrißlinie mit der Radial-Eckkachel ergänzen

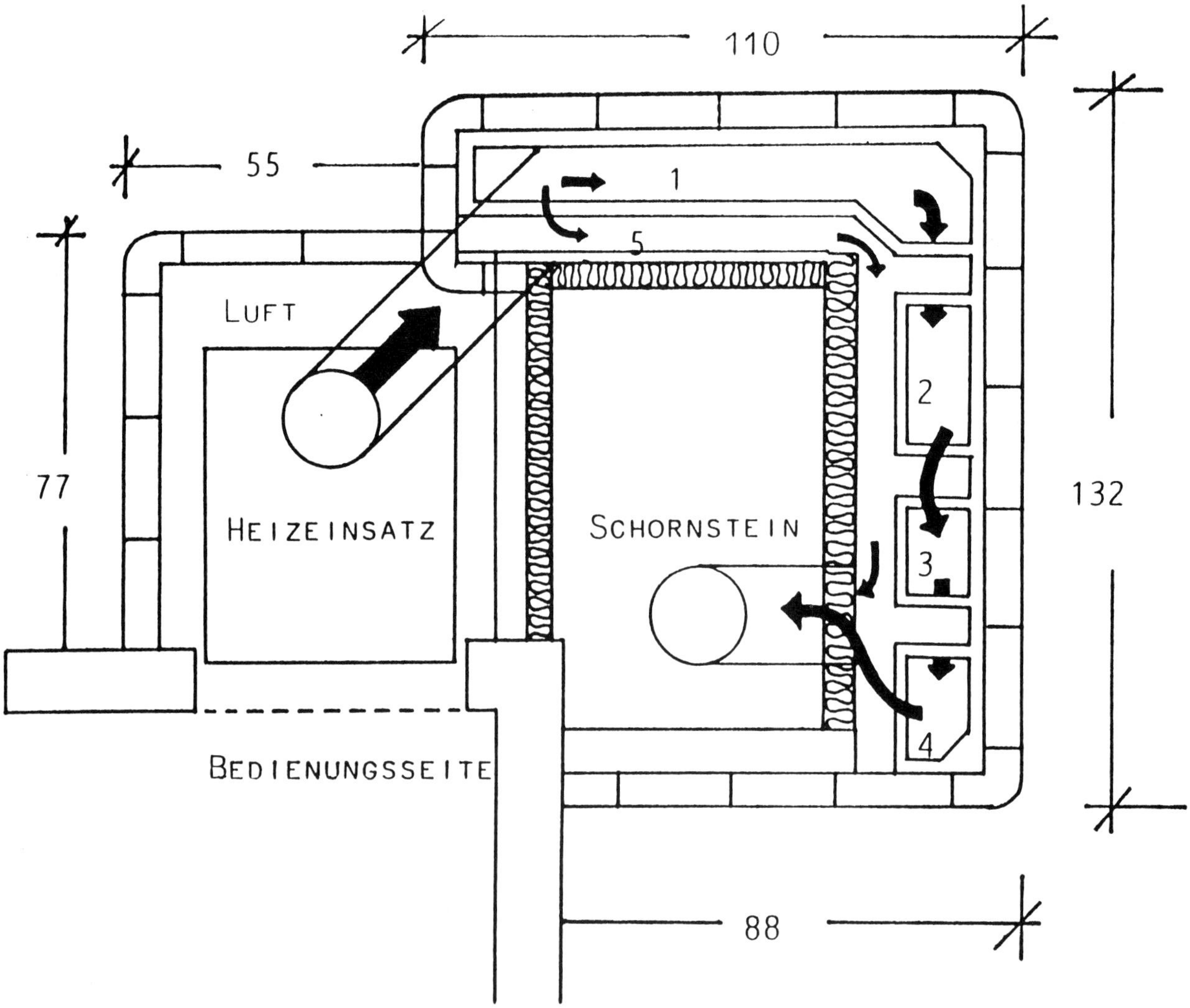

Zeichnung 4 Grundriß vom Kachelofen mit Heizeinsatz; die Gesamtzuglänge beträgt etwa sieben Meter

1 Verwirbelungskammer (1. Zug), 2 Steigezug, 3 Sturz- bzw. Fallzug, 4 Steigezug, 5 Anheizzug

Auch nachdem die Außenkante des Kachelmantels maßgenau festgelegt und auf dem Estrich eingezeichnet ist, sollte jede einzelne Kachel mit gleichmäßigem Fugenabstand auf dieser Linie markiert werden, denn mit dem Grundriß beginnt die Präzision jedes Kachelofenbaumeisters.
Zum Grundriß gehört aber auch, die Fundamentlinie der Rückwand für den keramischen Teil festzulegen. Auch darüber wurde im ersten Kapitel berichtet, deshalb hier nur eine kurze Wiederholung.
Zunächst sollte die Grundrißzeichnung wieder zur Hand genommen werden. Da aber zwischen Planung und Realität am Bau immer wieder Probleme auftauchen, die der Kachelofenbauer berücksichtigen muß, hier noch einmal ein Rechenbeispiel.
Wenn die Außenkante des Kachelmantels, der in mittelschwerer Bauart zu setzen ist, festliegt (ausgefütterte Kachel plus Vorschub = 8 cm), eine Zugbreite von 18 Zentimetern vorgesehen ist und die Rückwand aus Vollziegel mit einem hitzeschützenden Schamottevorschub (2 cm, inklusive Fuge) gesetzt werden soll, dann ergibt sich eine Distanz von 28 Zentimetern, also das Maß für die »Fundament«-Außenkante des Sockels, der die Ofenrückwand zu tragen hat. Auch diese Linie ist auf dem Estrich zu markieren.
Die Abstände zwischen Heizeinsatz und Kachelmantel (leichte Bauweise ohne Vorschub) schreibt der Hersteller von Heizeinsätzen präzise vor (Beispiel Brunner HF 7):

- Abstand Heizeinsatz zur Kachelwand sechs bis acht Zentimeter
- Abstand Rauchgasrohr zur Heizkammerdecke mindestens sechs Zentimeter
- Abstand Heizeinsatz zum Boden mindestens 15 Zentimeter

Mauerdurchbruch und Schornsteinanschluß

Mit diesen vorgegebenen Maßen kann der Mauerdurchbruch für den Heizeinsatz genau an der Wand angezeichnet und freigestemmt werden. In diesem Beispiel wurde der empfohlene Abstand zum Boden (15 cm) übernommen; Lochgröße: Breite 62 Zentimeter, Höhe 74 Zentimeter.
Da der Anschluß zum Schornstein ebenfalls nicht vorhanden war – für einen Neubau recht ungewöhnlich –, war diese Öffnung für eine 180 Millimeter Anschlußmuffe ebenfalls anzuzeichnen und freizustemmen.

Nachdem die genaue Lage des Schamotterohres im Schornstein ermittelt war, konnte die Höhe bestimmt werden. Dabei ist zu berücksichtigen, daß die Oberkante des Abzugsrohres (hier: Anschlußmuffe) sechs Zentimeter unter der Kachelofenabdeckung in den Schornstein zu führen ist. Um diesen Punkt festlegen zu können, ist die Höhe des Kachelofens zu ermitteln.

Sockelhöhe	40 cm
6 Kachelschichten à 22 cm	132 cm
Fugen	4 cm
Sims	6 cm
Oberkante Kachelofen	182 cm
./. 6 cm	6 cm
Oberkante Abzugsrohr (Höhenmaß)	176 cm

An dieses Höhenmaß wird das Rohr gesetzt und der Kreisdurchmesser (zzgl. 1-2 cm Luft) eingezeichnet, angebohrt und freigestemmt.

Fundamentvorbereitung und Sockel mauern

Da ein Kachelofen nicht auf einen schwimmenden Estrich gesetzt werden kann, war es notwendig, die Fundamentlinien für den Kachelmantel und für die Rückwand so zu verstärken, daß das Gewicht des Ofens direkt auf die Betondecke übertragen wird. Deshalb mußten auf den Fundamentlinien für Kachelmantel und die Rückwand (jeweils mittig) alle 15 bis 20 Zentimeter Bohrungen durch den Estrich und die darunterliegende Isolierung hindurch bis zum Beton vorgenommen werden, die dann mit einem Rundstabeisen (Durchmesser: 10 mm) versehen und abgeflext wurden (s. Abb. 114).

Dort, wo Heizungs- oder Wasserrohre vermutet wurden, war der Estrich vorsichtig freizustemmen und mit »Minifundamenten« zu versehen.

Sind die Vorbereitungen soweit abgeschlossen, kann der Sockel gemauert werden. In diesem Beispiel wurden statt Vollziegel 7,5 Zentimeter dicke Gasbetonsteine in Kalkfertigmörtel gesetzt, und zwar eine Reihe für den Kachelmantel und eine für die Rückwand.

Für die Abdeckung der Fundamentstreifen im keramischen Bereich wurden die flachen, fünf Zentimeter starken Gasbetonplatten verwendet (s. Abb. 115–117).

Einige Leser mag es verwundern, daß der Sockel für den den Heizeinsatz umkleidenden Mantel ebenfalls aus Gasbetonsteinen gemauert wurde, zumal in dieser Höhe bereits Wärmestrahlen des Heizeinsatzes auf dieses eher isolierende Material einwirken. Um die negativen (Wärmeaufnahme-)Eigenschaften dieses Materials zu mindern, wurde der Sockel in diesem Bereich später – von innen – mit einer Schamottemörtelschicht verputzt.

Für den Wandanschluß des Sockels wurde Haftmörtel verwendet; der gleiche Mörtel bewährte sich auch beim Einbau des Kaltluftgitters im Sockel.

114 Abflexen der fundamentverstärkenden Rundstäbe

115 Abdeckung der Fundamentstreifen für den Kachelmantel und die Ofenrückwand

116 Fast abgedeckter Sockel für den keramischen Teil des Kachelofens

117 Freistehender Sockel für den Kachelmantel des Heizeinsatzes; in der Bildmitte ist der Mauerdurchbruch für den Heizeinsatz zu setzen

Um die gewünschte Sockelhöhe von 40 Zentimetern zu erreichen und gleichzeitig die negativen »Wärmeeigenschaften« des Gasbetons auszugleichen, war es notwendig, die Sockeldecke mit hitzebeständigerem Material abzudecken. Statt hierfür die sich anbietenden Schamotteziegel zu verwenden, wurden Tonziegelsteine flach in abgemagertem Schamottemörtel verlegt (Mischungsverhältnis Schamottemörtel: lehmiger Sand = 10:1) (s. Abb. 118). Tonziegelsteine sind wesentlich preiswerter als Schamotteziegel, müssen aber im Zugbereich unbedingt mit Schamotteplatten abgedeckt werden.

118 Mit Tonziegel abgedeckter Sockel im Bereich der keramischen Züge

119 Mauern der Auflage für die den Heizeinsatz tragenden Winkeleisen

120 Auf gleiche Höhe und parallel gelegte Winkeleisen

Auflage für den Heizeinsatz

Im ersten Arbeitsgang war der Mauerdurchbruch für den Einbau der Zarge maßgenau nachzustemmen, wobei die Unterkante 15 Zentimeter von der Oberkante Fertig-Fußboden (OFF) einzuhalten war. Danach konnte die Zarge vom Flur aus eingesetzt und lot- und waagerecht justiert werden. Freigeschlagene Löcher zwischen Zarge und Kalksandsteinwand ließen sich mit Maurermörtel dichtputzen.
Im zweiten Arbeitsgang wurde die untere Zargenhöhe (15 cm) auf die gegenüberliegende Sockelwand höhengleich übertragen und mit Tonziegel und Schamottestreifen tragfähig untermauert.
Die Winkeleisen (3 x 3 cm) waren zuvor auf Länge (75 cm) geflext und im Zargenanschluß winklig gebogen worden, um sie in die dafür vorgesehenen Halterungen einklinken zu können. Erst nachdem die waagerechte und parallele Lage der Winkeleisen nochmals überprüft wurde (s. Abb. 120), konnte der Heizeinsatz vom Flur aus eingesetzt werden (s. Abb. 121).

121 Installierter Heizeinsatz; rechts unten die Kaltluftöffnung; links der fertige Sockel für die Zugkonstruktion

Die erste Kachelschicht

Vorbereitende Arbeiten

Die wichtigste Vorarbeit beginnt bereits einen Tag vor dem Kachelsetzen: Der feuerfeste Schamottemörtel wird in der Maurertonne mit anderthalb bis zwei Eimern Wasser abgedeckt und kann über Nacht »einsumpfen«.
Ebenso wichtig ist es aber auch, die Kachelware nach der Kachelmantelskizze, die für die Bestellung der Kacheln vom Ofensetzer angefertigt wurde, auszulegen, wobei die einzelnen Kacheln nach Farbe und Reinheit der Glasur aufeinander abzustimmen sind. Dabei werden dunklere Tönungen für die unteren Kachelreihen und die helleren für die oberen Reihen sortiert.
Ist dieses »Couleuren« abgeschlossen, ist die ausgelegte Kachelware mit dem Kunden abzustimmen, um spätere Reklamationen auszuschließen. Anschließend werden die Kacheln der ersten Reihe exakt auf Fugenbreite ausgelegt (s. Abb. 122), um die Setzlinie (Außenkante des Kachelmantels) auf der Ziegellage anreißen zu können.
Falls Maßtoleranzen auftreten, können die einzelnen Kacheln standgenau auf der Setzkante markiert werden; eventuell ist eine leichte Korrektur der Fugenbreite notwendig.
Zu den abschließenden Vorbereitungen gehört das »Behauen« der Kacheln (s. Abb. 123), wobei von den vier Setzkanten, wie schon erwähnt, mit dem Töpferhammer soviel »Fleisch« abgeschlagen wird, daß etwa sechs Millimeter von der Glasurkante bis zur Setzkantenmitte verbleiben.
An anderer Stelle wurde bereits die Frage gestellt, ob dieser zeitaufwendige Arbeitsgang auch dann notwendig ist, wenn die Kacheln nicht »auf Stoß«, sondern mit einer etwa ein Zentimeter breiten Fuge gesetzt werden. Eine Frage, die Ofensetzermeister unterschiedlich beantworten, wobei sicherlich wichtig ist, welcher Mörtel verwendet wird.

122 Die ausgelegten Kacheln werden nach dem »Couleuren« auf endgültige Fugenbreite gelegt

123 Behauen der Kacheln für die erste Kachelreihe

124 Die in Schamottemörtel gesetzten Kacheln werden mit Holzkeilen stabilisiert. Auf den Ziegeln ist die äußere Setzkante angerissen

125 Jede gesetzte Kachel ist in Lot …

126 … und Waage zu korrigieren

Setzen der ersten Kachelreihe

Dieser Arbeitsgang beginnt, wie bereits beschrieben, mit der für Ofensetzer typischen Handbewegung, wobei die linke Hand die angefeuchtete Ofenkachel hält, während die nasse rechte in den nicht abgemagerten Schamottemörtel taucht, um eine Kugel zu formen. Diese kugelförmige Mörtelmasse erleichtert sowohl das Auslegen des Mörtelbettes, in das die Kachel gesetzt wird, als auch alle weiteren Verfugungsarbeiten zwischen Rumpfbart und Setzkante.

Nachdem die Kachel in Lot und Waage gesetzt ist (s. Abb. 125 und 126), werden die Kachelsplitter, die beim Behauen der Kacheln entstanden, unter den Rumpfbart in den Mörtel gedrückt (das sogenannte Verzwickern), um der Kachel einen besseren Halt zu geben und um spätere Schrumpfrisse zu vermeiden.

Nach dem Verzwickern wird der lot- und waagerechte Stand der Ofenkachel nochmals überprüft und – falls notwendig – korrigiert.

127 Mit dem Richtscheit wird die Flucht der gesetzten Kacheln überprüft und eventuell korrigiert

Im nächsten Arbeitsgang wird die zweite Kachel an die erste gesetzt. Die dritte Kachel ist allerdings am Ende dieser Kachelreihe standgenau zu setzen, um danach mit einem Richtscheit (und Wasserwaage) die waagerechte Flucht zu überprüfen; auch die Flucht der Kachelflächen ist mit dem Richtscheit zu überprüfen (s. Abb. 127). Sind die ersten drei Kacheln in Lot und Waage standsicher korrigiert, wird die erste Kachelreihe komplettiert, d.h. die noch fehlenden Ofenkacheln gesetzt und um die anschließenden Eck-Kacheln (Radialkacheln) ergänzt.

128 Erste Kachelreihe kurz vor der Fertigstellung

Verzwickern, Verklammern, Ausfüttern und Vorschub

Nachdem der Schamottemörtel über Nacht abbinden konnte und damit eine arbeitsfähige Standsicherheit der gesetzten Kacheln am nächsten Tag gewährleistete, konnten die nächsten Arbeitsgänge – Verzwickern, Verklammern und Ausfüttern – ausgeführt werden.
Verzwickern heißt, daß der lotrechte Zwischenraum zwischen den Kacheln mit nicht abgemagertem Schamottemörtel angefüllt wird, in den dann entweder Reste von Schamotteplatten oder Ziegelstreifen hineinzureiben sind (s. Abb. 129).
Da zu diesem Zeitpunkt noch keine Plattenreste zur Verfügung standen und der Ofensetzermeister Tonziegelstreifen aus Kostengründen vorzog, waren diese vorher auf der Steintrennmaschine zuzuschneiden.
Hier sei vorab darauf hingewiesen, daß auch die waagerechten Zwischenräume zu verzwickern sind (s. Abb. 130). Unterhalb der ersten Reihe reichten hierfür noch die Kachelsplitter, die beim Behauen der Kacheln anfielen. Zwischen der ersten und zweiten Kachelreihe und den weiteren Schichten sind wiederum Tonziegel oder Schamottereste einzureiben, um Schwindungsrisse und Lufteinschlüsse zu vermeiden.
Beim Verzwickern, und das sei hier noch einmal wiederholt, ist immer darauf zu achten, daß das in den Mörtel gedrückte Schamotte- oder Ziegelstück reibend bewegt wird, bis der Mörtel seitlich herausquillt; anschließend wird der Mörtel von Hand glattgestrichen.

129 Lotrechtes Verzwickern der Kachelzwischenräume

130 Waagerechtes Verzwickern zwischen unterer und oberer Kachel

Das Verklammern der Rumpfbärte gesetzter Kacheln soll, wie bereits erwähnt, die Dehnungs- und Schrumpfungskräfte auffangen, die während der Heizperiode entstehen. Deshalb ist der auf etwa zwölf Zentimeter Länge abgekniffene »Ofendraht« derart zu biegen, daß die Drahtenden »auf Spannung« an den Rumpfbärten anliegen (s. Abb. 131 und 132).

131 Zum Verklammern abgelängter und auf Spannung gebogener Ofendraht

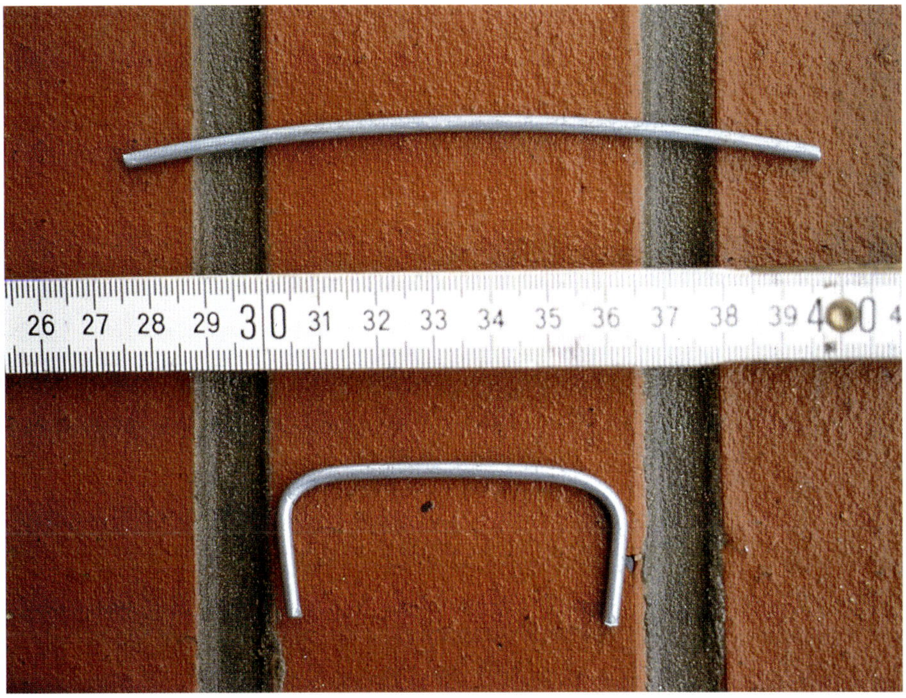

132 Ziegelzwicker zwischen den Rumpfbärten und Kachelklammern

Da halbrunde Eck-Kacheln (Radialkacheln) im Gegensatz zu rechtwinkligen Eck-Kacheln nicht an den Kachelstegen verklammert werden können, sind sie oberhalb mit dem verzinkten Draht zu verbinden (s. Abb. 133). Beim Biegen dieser Drähte ist aber darauf zu achten, daß sie keine Zugkräfte bewirken, die die Eck-Kacheln aus ihrem lotrechten Stand lösen könnten; sie werden also nicht »auf Spannung« gebogen.
Zum Ausfüttern werden entweder Ausfuttersteine (130 x 130 x 23 mm) oder selbst zugeschnittene Schamotteplatten verwendet. Vor dem Einsetzen, dem Einreiben (s. Abb. 134), sind die Futtersteine zu nässen, mit einer relativ weichen, abgemagerten Schamottemörtelmasse üppig zu bestreichen und »reibend« gegen die Kachelinnenfläche zu drücken, bis der Mörtel seitlich herausquillt. Futtersteine nie »knirsch« einsetzen!

133 Oberhalb verklammerte Radialkachel

134 Einreiben des Futtersteins in die Kachelinnenfläche

135 Mauern der Ofenrückwand mit Tonziegel

Sobald die erste Kachelreihe steht, wird damit begonnen, die Kachelofenrückwand zu mauern, wofür Vollziegelsteine hochkant in abgemagerten Schamottemörtel gesetzt wurden (s. Abb. 135). Werden – statt Schamotteziegel – Tonziegel verarbeitet, so müssen sie auf der Zugseite mit Schamotteplatten versehen werden, da die Ziegel nicht die erforderliche Hitzebeständigkeit haben. Das gleiche gilt auch, wenn dieses Material für die Zwischenwände zwischen den Zügen (Wangen) verwendet wird.

Beim Mauern der Rückwand ist darauf zu achten, daß die Wangen zwischen den Zügen im Verbund gemauert werden, um die notwendige Stabilität der Zugkonstruktion zu erhalten. Dies wird besonders deutlich, wenn die zweite Kachelschicht gesetzt ist und die Züge bereits zu erkennen sind (s. Abb. 136).

136 Der Kachelofen nach der zweiten Kachelschicht mit »Verwirbelungskammer« rechts und den gemauerten Zügen in Bildmitte

137 Die Verwirbelungskammer (Liegezug) nach der zweiten Kachelschicht (ohne Vorschub)

138 Hochkant angeriebener »Vorschub« aus 25 mm dicken Schamotteplatten

Sind die ersten beiden Kachelreihen gesetzt und ist die Rückwand mit den Wangen entsprechend hoch gemauert, kann mit dem Vorschub begonnen werden. Für die ausgefütterte Kachelinnenwand wurden hierfür 25 Millimeter dicke Schamotteplatten in abgemagerten Schamottemörtel angerieben (Format: 320 x 150 x 25 mm) (s. Abb. 138).

139 Anreiben des Vorschubs an die Ziegelrückwand

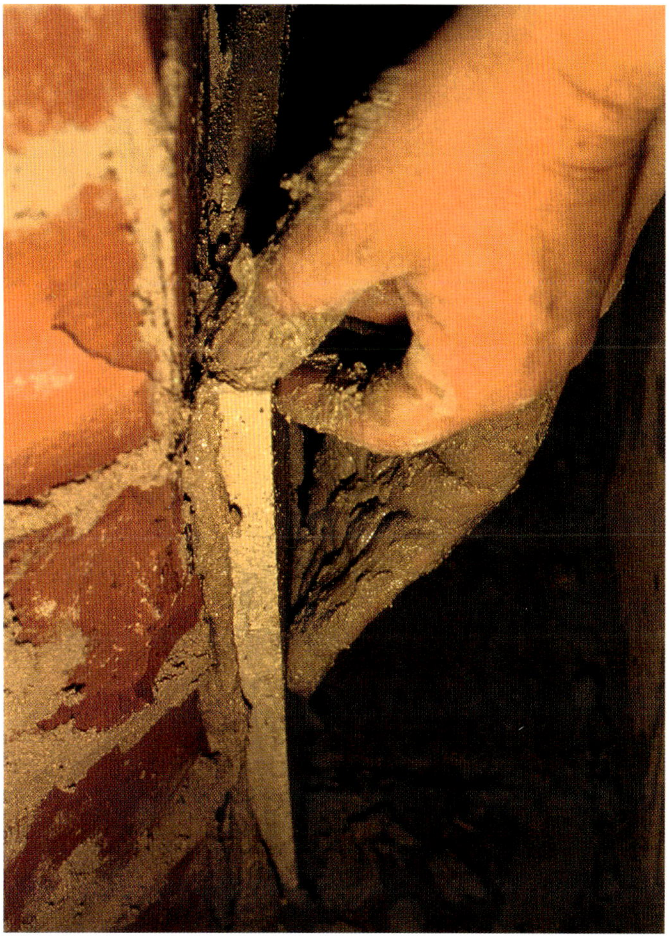

Das gleiche Format sollte auch für die Rückwand im ersten Zug (Liegezug/Verwirbelungskammer) verwendet werden; die verbleibenden Ziegelflächen können dann mit 15 Millimeter starken Schamotteplatten versehen werden.
Im Anschluß an die Vorschub-Arbeiten wird der Boden aus flach gemauerten Ziegelsteinen ebenfalls mit Schamotteplatten abgedeckt (Stärke: 15 mm). Hierbei ist, wie beim Vorschub, darauf zu achten, daß reichlich Mörtel (abgemagert) verwendet wird, um sicherzustellen, daß beim Anreiben keine Luftblasen entstehen, der Mörtel also aus den Fugen quillt, der später mit einem Schwamm glattgestrichen wird.

140 Mit Vorschub versehener Sturz- und letzter Steigezug

Montieren des Heizgasrohres

Bevor das Heizgasrohr zwischen Einsatz und Liegezug – der vom Ofensetzermeister als »Verwirbelungskammer« geplant war – montiert werden konnte, war die dritte Kachelreihe in der bekannten Arbeitsweise zu setzen (s. Abb. 141 und 142).
Innerhalb des Heizeinsatzes wurden die Kacheln nur ausgefüttert, also nicht mit einem Vorschub versehen. Die schornsteinangrenzende Wand war zu isolieren und mit einer Ziegelwand (hochkant) abzumauern.
Nach Abschluß der dritten Kachelreihe begann die Montage des Rauchrohres. In einer Kombination aus Rauchrohren und Bögen (Durchmesser: 180 mm; Stärke: 2 mm) wurden die einzelnen Rohrteile so lange drehend miteinander verbunden, bis die optimal passende Verbindung zwischen Abgasstutzen des Heizeinsatzes und dem Liegezug erreicht war. Dabei war zu bedenken, daß die Rohrteile vom Abgasstutzen zum Zug in das jeweils nächste Rohr hineinzuschieben waren.
Vor der endgültigen Montage dieses Rauchrohres (s. Abb. 143) mußten die Fugen zwischen den Einzelteilen mit einem feuerfesten Ofenkitt abgedichtet werden. Mit dem gleichen Dichtungsmittel war auch der Abgasstutzen vor Aufsetzen des Rohres zu versehen.

141 Setzen der ersten Kachel in der dritten Kachelreihe; hier: Verzwickern der Rümpfe mit Ziegelstreifen

142 Lotrechte Korrektur der gesetzten Ofenkachel mit dem Töpferhammer

143 Montage des kompletten Rauchrohres

Da das Rauchrohr extremen Temperaturschwankungen ausgesetzt ist – von normaler Raumtemperatur bis über 700 Grad Abgastemperatur während des Heizbetriebes –, muß vermieden werden, daß die Dehnungskräfte den Kachelmantel beschädigen. Hierfür eignet sich ein sogenannter Anschlußstein (s. Abb. 144) aus Schamotte, der im Übergangsbereich zum keramischen Zug einzusetzen ist, wobei das Rauchrohrende in den Stein hineingeführt wird (s. Abb. 146). Statt Schamottemörtel kann die Abdichtung mit keramischem Filz erfolgen.

144 Anpassen des Anschlußsteines

145 In Mörtel gesetzter Anschlußstein; die Ofenrückwand wurde in diesem Bereich mit 6 cm dicken Schamotteplatten gemauert

146 Rauchrohrführung vom Heizeinsatz zum Anschlußstein; die vierte Kachelreihe wurde hier bereits gesetzt

147 Abdeckung des Heizeinsatzes mit Schamotteplatten; in der Bildmitte ist der Eindeckrahmen für das Warmluftgitter, rechts die mit Alufolie ummantelte Isoliermatte zu erkennen

Abdeckung des Heizeinsatzes

Heizeinsatz und Rauchrohr waren bereits soweit ummantelt, daß mit der Abdeckung (s. Abb. 147) begonnen werden konnte, wobei ein Warmluftgitter oberhalb der Reinigungsklappe im Rauchrohrbogen (s. Abb. 146) vorzusehen war. Deshalb waren die L- und T-Eisen so vorzubereiten, daß der Eindeckrahmen und die 15 Millimeter dicken Schamotteplatten mörtelfrei ausgelegt werden konnten.
In der Abbildung 147 ist aber auch zu erkennen, daß der Ecksims-Läufer bereits in Mörtel gesetzt wurde. Da auch hierfür wieder nicht abgemagerter Schamottemörtel zu verwenden war, war ein Verzwickern notwendig.

Ist der Sims komplett gesetzt, konzentriert sich der Ofensetzer auf die vierte und fünfte Kachelreihe und das Ergänzen der Züge im keramischen Teil des Kachelofens.
Während dieser Zeit kann der Mörtel, in den die Simsteile gesetzt wurden, abbinden. Erst wenn der Sims standfest mit dem Mörtel verbunden ist, werden die Schamotteplatten mit einer Ausgleichsschicht aus mit Sand abgemagertem Kalkmörtel abgedeckt und die zugeschnittenen Abdeckfliesen verlegt (s. Abb. 149).

148 Nach dem gesetzten Eck-Sims können die verbleibenden Simsteile auf gleiche Höhe ausgerichtet werden

149 In Kalkmörtel verlegte Abdeckfliesen mit Warmluftgitter; im Hintergrund ist die fünfte Kachelreihe zu erkennen

150 Rauchgasöffnung in der vierten Kachelreihe (erster Zug/Verwirbelungskammer)

151 Zügekonstruktion bis zur Unterkante der vierten Kachelreihe (von oben nach unten: Steigezug; Sturzzug; Steigezug zum Schornstein)

Einbau des Wärmefachs

In der Abbildung 149 ist zu sehen, daß bereits mit der fünften Kachelschicht begonnen wurde, in die auch die »Röhrtür« für das Wärmefach eingeplant ist. Deshalb ein kurzer Rückblick auf die vierte Kachelreihe.

Die vierte Kachelreihe schloß sich an den Anschlußstein an (s. Abb. 145 und 146), setzte also die vierte Lage vom Heizeinsatz zum keramischen Teil fort.

In den beiden Abbildungen 150 und 151 wird deutlich, daß die vom Heizeinsatz ausströmenden Rauchgase zunächst in einen »Liegezug« geleitet werden, der aufgrund seiner Höhe (vier Kachelreihen!) als Verwirbelungskammer konstruiert wurde. Von der Verwirbelungskammer sollen die Rauchgase, die auch das Wärmefach von unten umspülen, dann in Sockelhöhe in den ersten Steigezug gelenkt werden, dort aufsteigen und in den Sturzzug übergehen, der oberhalb des Sockels mit dem letzten, zum Schornstein führenden Steigezug verbunden ist.

152 Eingelegte Gußeisenplatte für das Wärmefach; rechts im Bild die Öffnung für die »Röhrtür«

Das Wärmefach konnte aber erst eingebaut werden, nachdem die vierte Kachelreihe gesetzt und die fünfte begonnen war (vgl. Abb. 149). Die dafür notwendige Tür, die eigenartigerweise »Röhrtür« genannt wird und überwiegend in einem fragwürdigen Design hergestellt wird, wird von den Herstellern für unterschiedliche Kachelformate angeboten. Für diesen Ofen wurde eine zwei Kacheln breite Tür gewählt. Der Einbau setzt aber voraus, daß die zu verbindenden Kacheln standgenau gesetzt sind und der Mörtel so lange abbinden konnte (z.B. über Nacht), bis mit der Montage begonnen werden kann.

Im ersten Arbeitsgang wird die Eisengußplatte (Boden) für das Wärmefach mit Schamottemörtel auf die Vorschubkanten der Verwirbelungskammer waagerecht eingelegt (s. Abb. 152). Anschließend wird die Tür von außen auf zwei Schamottekeile gesetzt, der Rahmen vorsichtig gegen die beiden Kacheln herangeführt und über die vier Blechlaschen mit den Kacheln verbunden (s. Abb. 153). Nach abschließendem Justieren der Tür ist es wichtig, die Laschen mit feuerfestem Mörtel (hier ist auch Haftmörtel zu empfehlen) und Kachelsplittern zu stabilisieren.

153 Eingebaute Tür, die über die Blechlaschen mit den beiden Kacheln verbunden und in Waage justiert werden muß

154 Eingebaute Wärmefachtür in der fünften Kachelreihe

155 Mit Schamotteplatten eingefaßte Wärmekammer; die Rückwand wird gerade gefliest

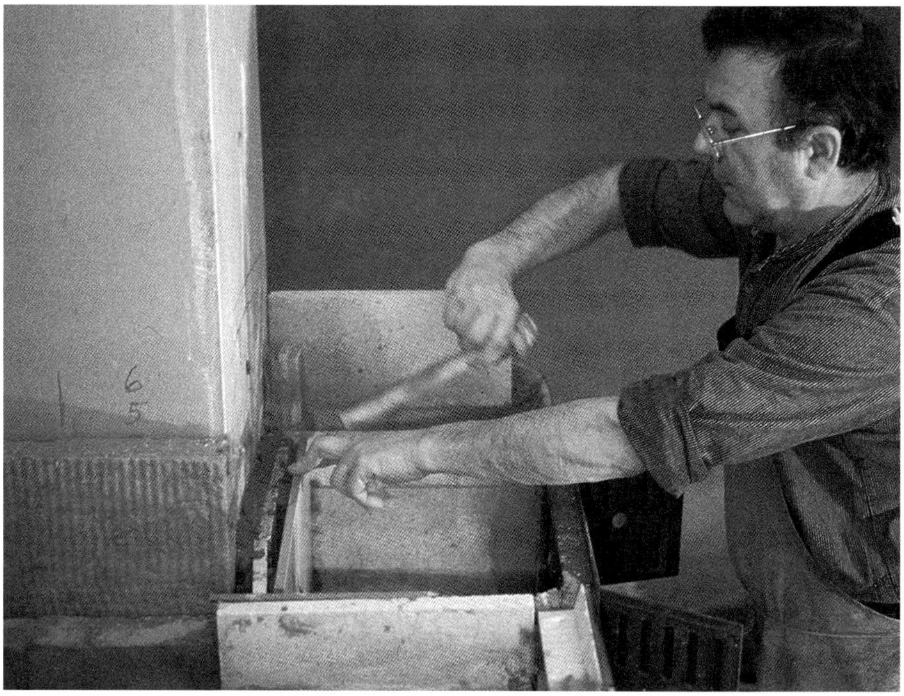

Zur Komplettierung des Wärmefachs waren zunächst die Rückwand und die Seitenwände mit Schamotteplatten zu setzen, wobei für die Rückwand 15 Millimeter starke Platten ausreichten, während für die den Heizgasen ausgesetzten Seitenwände 25 Millimeter dicke Platten verwendet wurden. Außerdem war die Rückwand mit Fliesen zu verkleiden (s. Abb. 155). Anschließend konnte das Wärmefach mit Schamotteplatten abgedeckt werden (s. Abb. 156), wobei ein handgroßes Loch vorher freizuschneiden war, um durch die Wärmekammer hindurch einen Zugang zu dem darüberliegenden »Anheizzug« zu erhalten. Der Anheizzug war so geplant, daß ein Teil der Heizgase vom Rauchrohrende senkrecht an der Wärmekammer vorbei und über sie hinweg (hinter der 6. Kachelschicht) zum Schornsteinanschluß geführt wird, wo noch eine Anheizklappe zu installieren war.
Im Anschluß an diese Arbeiten konnten die Abdeckung der Verwirbelungskammer bis zum ersten Steigezug ergänzt und die fünfte Kachelreihe komplettiert werden (s. Abb. 158 und 159).

156 Abdecken des Wärmefachs mit Schamotteplatten; im Hintergrund ist das Reinigungsloch für den Anheizzug zu erkennen

157 Abgedecktes Wärmefach und geschlossenes Reinigungsloch; im Hintergrund verbleibt ein schmaler Schlitz für den Anheizzug

158 Komplettierung der fünften Kachelreihe; oben ist der Schornsteinanschluß zu sehen

159 Die Verwirbelungskammer ist abgedeckt (rechts); links im Bild Steige- und Sturzzug mit Trennzunge

160 Steige-, Sturz- und Steigezug (von links nach rechts); mit dem letzten Steigezug werden die Heizgase zum Schornstein geführt

In der Abbildung 160 ist zu erkennen, daß der letzte Teil der Wange zwischen Steige- und Sturzzug nicht mit hochkant gesetzten Ziegeln, sondern mit einer 15 Millimeter starken Schamotteplatte gesetzt wurde. Das hat folgenden Grund: Sollte sich während der Betriebszeit des Kachelofens (also auch nach unterschiedlichen Witterungsverhältnissen) herausstellen, daß der Kachelofen nicht optimal zieht, kann der Ofenbaumeister die Schamotteplatte entfernen, um den Querschnitt des »Überzugs« zwischen beiden Zügen zu vergrößern, womit sich die Strömungsgeschwindigkeit der Heizgase erhöht.

Abdeckung der Züge und Montage der Anheizklappe

Nachdem die Verwirbelungskammer abgedeckt war, wurde diese Abdeckung über den ersten Steige- und folgenden Sturzzug bis zur Öffnung des letzten Steigezugs fortgeführt. Dabei war unterhalb des Schornsteinanschlusses ein Gasschlitz (ca. 3 x 10 cm) freizusägen (s. Abb. 161), um Schwelgase direkt in den Schornstein zu leiten. Anschließend konnten die Ofenrückwand ergänzt und das zum Schornstein führende Rohr (doppeltes Wandfutter) ummauert werden (s. Abb. 162).
Die Anheizklappe sollte immer so montiert werden, daß die nach außen führende, drehbare Achse im Mittelpunkt vierer gesetzter Ofenkacheln aus dem Kachelmantel herausragt.

161 Abdeckung des Steige- und Sturzzuges; im Hintergrund der Gasschlitz unterhalb des Schornsteinanschlusses △

162 Vier wichtige Konstruktionsteile auf einen Blick: Ausgefütterter letzter Steigezug, Gasschlitz und ummauertes Rauchrohr, rechts die Anheizklappe

163 Das Bild zeigt die vormontierte Anheizklappe und erste Kacheln der letzten Reihe

164 Überprüfung des waagerechten Standes gesetzter Kacheln mit Richtscheit und Wasserwaage

Letzte Kachelreihe und Abschlußarbeiten

Im Anschluß an diese Arbeiten kann die sechste und letzte Kachelreihe gesetzt, verzwickert, verklammert und ausgefüttert werden (s. Abb. 163 und 164).
In den bisherigen Zügen wurde die Kachelwand nach dem Ausfüttern mit einem 25 Millimeter dicken Schamotteplatten-Vorschub versehen. Hier, im Anheizzug, genügten die dünneren, 15 Millimeter starken Platten, die auf beiden Seiten des Zuges anzureiben waren. Abschließend wurde dieser Zug, bzw. die letzte Kachelreihe, aber wieder mit den stärkeren (25 mm) Platten endgültig abgedeckt (s. Abb. 165 und 166).

165 Endgültige Abdeckung der Zugkonstruktion in der letzten Kachelreihe

166 Mit Schamotteplatten abgedeckte Zugkonstruktion

167 Auch hier muß der Eck-Sims auf Standgenauigkeit geprüft werden

Nun konnte der Sims gesetzt werden, wobei im ersten Arbeitsgang die Einzelteile ausgelegt werden, um die Fugenbreite genau festzulegen. Anschließend beginnt der Ofensetzer mit dem Setzen des Eck-Simses, in diesem Beispiel der »Obersims-Radial-Ecke«. Dabei ist der nicht abgemagerte Mörtel mit Kachelsplittern zu verzwickern und der Eck-Sims in Waage zu korrigieren. Ist die zweite Simsecke in Waage gesetzt, wird die Flucht mit dem Richtscheit und der Wasserwaage überprüft (s. Abb. 167 und 168). Nachdem der Sims komplett gesetzt war, konzentrierte sich der Ofensetzermeister auf das Einsetzen der Reinigungsdeckel (Reinigungskapseln) in die Reinigungsöffnungen (s. Abb. 169). Dem ging aber voraus, daß die Züge vorher zu reinigen waren und die Öffnungen von innen mit Schamottemörtel auszuglätten waren. Vor dem Einsetzen müssen die Deckel mit Schamottemörtel und Plattenresten ausgefüttert werden.

168 Der Kachelofenbaumeister während der Simsarbeiten

169 Eingesetzte Reinigungskapsel in Höhe des Schornsteinanschlusses unterhalb des Simses

In der Abbildung 169 sind zwei rote Pfeile und ein gelber Winkel zu erkennen. Die Pfeile zeigen die Strömungsrichtung der Heizgase, wobei der rechte die Heizgase im Anheizzug andeutet, falls die Anheizklappe (gelber Winkel) geöffnet ist; der linke Pfeil symbolisiert die Heizgase, die vom letzten Zug (Steigezug) zum Schornstein strömen. Auch in der Abbildung 170 wurde der Strömungsverlauf der Heizgase graphisch dargestellt: Der kräftige rote Pfeil (rechts) zeigt den Eintritt der Heizgase vom Heizgasrohr in die Verwirbelungskammer. Ist die Anheizklappe geöffnet, strömt ein Teil der Heizgase nach oben, rechts an dem Wärmefach vorbei in den Anheizzug oberhalb des Wärmefachs in Richtung Schornstein, um auf diesem kürzeren Weg für den notwendigen Auftrieb (Unterdruck) im Schornstein zu sorgen, der dann den größeren Teil der Heizgase durch die Verwirbelungskammer und die nachgeschalteten Züge »zieht«.

170 Eingesetzte Reinigungskapsel (unten links), um die Verwirbelungskammer und den ersten Steigezug reinigen zu können

171 Waagerecht in Kalkmörtel verlegte Abdeckfliese

Doch zurück zur Abdeckung des Kachelofens.
Sobald der Sims standsicher mit dem Mörtel verbunden ist, kann mit dem Abfliesen begonnen werden. Zuvor war aber eine Ausgleichsschicht aus abgemagertem Kalkmörtel (10 Teile Kalkmörtel, 1 Teil Sand) auf den Schamotteplatten aufzubringen, um die Fliesen höhengleich mit der Simsoberkante verlegen zu können. Erst danach konnten die Fliesen in nicht abgemagerten Kalkmörtel verlegt werden (s. Abb. 171).
Da die Fliesen im Eckbereich abzurunden waren, wurden sie zunächst mit der Steintrennmaschine vorsichtig vorgeschnitten und dann mit einem Schleifstein von Hand feingeschliffen und in Mörtel gesetzt (s. Abb. 172).
Da es nicht ratsam ist, die Fliesen gleich nach dem Verlegen zu verfugen, um Verschiebungen zu vermeiden, läßt man sie für ein bis zwei Stunden mit dem Mörtel abbinden. Danach wird entweder Kalkputz oder Kachelofenfugenmasse trocken in die Fugen gerieben und mit einem nassen Schwamm fugendicht geschlämmt. In der Zwischenzeit beginnt man entweder mit dem Verfugen des Kachelmantels oder mit dem Verputzen des gemauerten Sockels.
Zum Verputzen des Sockels kann ein Kalkfertigmörtel oder ein Hafner(Ofensetzer-)putz verwendet werden. Da der Hafnerputz hitzebeständiger ist, ist dieser zu empfehlen, da sich der obere Teil des Sockels doch erheblich erwärmt.
Bevor der Kachelmantel verfugt wird, sei auf einen Arbeitsgang hingewiesen, der nach jeder gesetzten Kachelreihe, also von Anfang an, auszuführen und für das endgültige Verfugen wichtig ist: Nachdem eine gesetzte Kachelreihe über Nacht im Mörtel abbinden konnte sowie verzwickert und verklammert war, wurde jede Fuge mit einem Holzkeil freigekratzt, um der später einzudrückenden Fugenmasse ausreichend Haftgrund und Volumen zu geben.
In diesem Beispiel wurde nicht abgemagerter Schamottemörtel als Fugenmasse verwendet, der mit festem Druck ziehend in die Fugen gepreßt wurde. Abschließend wird der Kachelmantel mit einem feuchten Schwamm mehrmals gereinigt und mit einem trockenen Tuch blank geputzt. Danach ist der Kachelofen fertig.

172 Verlegen der passend zugeschliffenen Eck-Fliese

173 Fertiger Kachelofen im Bereich des Heizeinsatzes; unten rechts ist das Kaltluftgitter zu sehen

174 Sockel und Kacheln mit der Reinigungsöffnung für Sturz- und Steigezug

175 Modernste Technik, attraktive Architektur, optimale Wärmenutzung garantiert das Großflächenheizsystem mit Schamottespeicher

Mehrschalige Bauweise

IN VERBINDUNG MIT EINEM GROẞFLÄCHEN-HEIZSYSTEM

DIE MEHRSCHALIGE BAUWEISE

In den bisherigen Kapiteln wurde die einschalige Kachelofenbauweise beschrieben. Einschalig heißt, daß zwischen dem gemauerten Feuerraum (falls kein Heizeinsatz verwendet wurde) und den nachgeschalteten (keramischen) Rauchgaszügen und dem Kachel- oder Steinmantel *keine* Luftschicht vorhanden ist, die Wärme also *direkt* auf den Ofenmantel übertragen und an den Raum abgegeben wird. Bei der zweischaligen – auch dreischalig genannt – wird diese (Warm-)Luftschicht ganz bewußt eingesetzt, um die Wärme vom Feuerraum (Grundofen) und den keramischen Rauchgaszügen *gleichmäßiger* auf den Ofenmantel zu übertragen, zu verteilen. Das heißt, wir ergänzen die »Wärmeübertragung durch Strahlung« (Strahlungswärme) mit der »Wärmeverteilung durch Warmluft« zwischen Schamottespeicher (Feuerraum und Züge) und Ofenmantel. Diese Wärmeverteilung innerhalb des Ofens sorgt für eine gleichmäßigere Erwärmung des Ofenmantels, sie funktioniert aber nur, wenn diese Luftschicht »geschlossen« konstruiert, also *nicht* als Warmluft in den Wohnraum abgegeben wird.
Ein weiterer Vorteil dieser Bauweise besteht darin, daß die Luft wie ein »Dehnungspolster« funktioniert, weil sie extreme Hitzeeinwirkungen auf den Ofenmantel reduziert und damit mögliche Risse im Ofenmantel verhindert.
An zwei Beispielen soll diese Konstruktionsweise kurz erläutert werden, bevor das Großflächen-Heizsystem detailliert beschrieben wird.

Beispiel 1: Zweischaliger Grundofen
Dieser von der Rückseite des Buches bereits bekannte Kachelofen wurde aus handgefertigten Ofenkacheln mit einem schnell abbindenden Spezial-Schamottemörtel (»Hydro-Mörtel«) gesetzt. Dabei wurden die *unbehauenen* Ofenkacheln in der bekannten Setztechnik verarbeitet: in Mörtel setzen (wobei auch hier wieder die Holzkeile Verwendung fanden), Verzwickern, Verklammern und Ausfüttern.

176 Kachelgrundofen in zweischaliger Bauweise mit Bratröhre

177 Setzen des Kachelmantels; hier: Höhengleichheit der gesetzten Kacheln mit dem Richtscheit überprüfen

Statt diese Kachelwand innen mit einem Schamottevorschub zu versehen, wurde hier eine Luftschicht von zwei bis vier Zentimetern freigelassen und erst dann mit dem Mauern des Feuerraumes (s. Abb. 178) begonnen. Schaut man sich diese Konstruktion (siehe Abb. 179) noch genauer an, wird der zweischalige Aufbau noch deutlicher: Für den Feuerraum wurden 6,5 Zentimeter dicke Schamotteplatten mit Nut und Feder gesetzt und je Schicht oben verklammert und anschließend mit einem Vorschub von drei Zentimetern Stärke versehen. Diese fast zehn Zentimeter dicke Feuerraumwand hat links und rechts keinen Kontakt zum Kachelmantel (2-4 cm Abstand), während die Rückwand direkt an die Zwangsluftführung (Hohlziegel-»Hourdis«-Platten) gesetzt wurde (s. Abb. 179). Die vordere Feuerraumwand wurde ebenfalls direkt gegen den Stahlmantel gesetzt (ohne Vorschub); allerdings wurde zwischen dem Stahlblech und dem vorderen Kachelmantel wiederum eine Luftschicht von vier Zentimetern eingehalten.

178 Feuerraum mit beidseitiger Luftschicht; hinten ist die Zwangsluftführung (Warmluft/Konvektion) zu sehen

179 Zweischalige Bauweise mit teilweise ausgefütterter Kachelwand (links), Luftschicht und Feuerraumwand (inklusive Vorschub); rechts ein Teil des Feuerraumes ▷▽

180 Der Grundofen nach Fertigstellung des Feuerraumes und Einbau der Bratröhre

Für den interessierten Leser noch einige ergänzende Daten:

Lichtes Maß Feuerraum: Breite 80 cm; Tiefe 38 cm; Höhe 75 cm
Feuerraumboden: 6,5 cm auf Stahlblech
Feuerraumdecke: 6 cm + 3 cm versetzt gemauerte Schamotteplatten und zwei Rauchgasöffnungen (12 x 22 cm), zwischen denen die Bratröhre in den Feuerraum eingelassen wurde (s. Abb. 180); die Bratröhre wurde unten mit einer 2 Zentimeter starken Keramikfaserplatte und seitlich mit Schamotteplatten (5 cm stark) gegen zu starke Hitzeeinwirkung geschützt und oben mit 3 Zentimeter dicken Schamotteplatten abgedeckt (s. Abb. 181).

Die Züge wurden ebenfalls zweischalig gemauert.

181 Feuerraumdecke mit beiden Rauchgasöffnungen und der abgedeckten Bratröhre

182 Dreischalige Bauweise mit Luftschicht zwischen zweischaliger Feuerraumwand und freistehender Kachelwand (von links nach rechts; Modell: J. Ortner)

Beispiel 2: Dreischaliges Demonstrationsmodell

Mit diesem Modell, das der Hafnermeister Josef Ortner im Schulungszentrum der Fa. Ulrich Brunner GmbH, Eggenfelden, aufgebaut hat, soll die dreischalige Bauweise – hier: Feuerraumwand, Luftschicht und Kachelmantel – und die Verarbeitungsweise neuer Materialien für den Ofenbau demonstriert werden.

Ortner definiert die dreischalige Bauweise nach folgenden Kriterien:

1. Die Innenschale:
   Die dem Feuer ausgesetzte Feuerraumwand wird aus einem weichen Schamottestein gesetzt, der eine hohe Temperaturwechselbeständigkeit und eine gute Wärmespeicherfähigkeit haben sollte.
2. Die Mittelschale:
   Sie definiert Ortner als harte, tragende Schamotteschicht, die mit der ersten Schale fugenversetzt verklebt wird. Diese doppelwandige Feuerraumschale hat keinen Kontakt zur dritten Schale, dem Ofenmantel, sondern wird von Luft »umspült«.
3. Die Außenschale:
   Das ist der freistehende Kachel- oder verputzte Steinmantel, der auch aus »Gußschamotteplatten« gebaut werden kann.

183 Das gleiche Modell von außen: links die freistehende Kachelwand; rechts daneben der Feuerungsblock, auf eine Gußschamotteplatte gesetzt, dessen Unterkonstruktion (gleichen Materials) die Warmluftverteilung nicht behindert (Modell: J. Ortner)

Daß für diese Bauweise nicht mehr der normale, einzusumpfende Schamottemörtel verwendbar ist, sondern speziell entwickelte Verarbeitungsmaterialien nötig sind, sei hier nur erwähnt, zumal wir später darauf eingehen werden.
Für das Verständnis dieser mehrschaligen Bauweise ist es erforderlich zu wissen, daß der Luftmantel zwischen Feuerraum (und Zügen) und Ofenmantel auch unterhalb des Feuerraums zu führen ist, um die gewünschte Wärmeverteilung durch Warmluft zu gewährleisten (s. Abb. 183).

184 Großflächenheizung mit Heizeinsatz, Schamottespeicher und Warmluftwand

185 Thermographische Aufnahme dieses Ofensystems während der Heizphase (Quelle: Fa. Brunner, Eggenfelden)

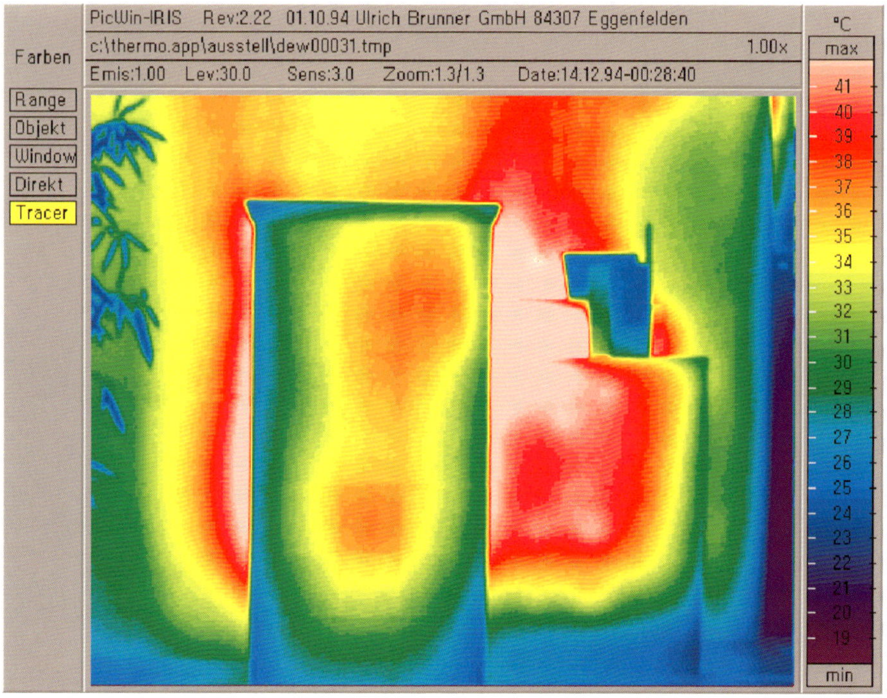

Großflächenheizung

MIT SCHAMOTTESPEICHER

(Holzbrand-Einsatz mit Wasser-Wärmetauscher im Keller, Speicherblock mit Mantel im Wohn- und Eßzimmer und eine Strahlungswand im Dachgeschoß)

EINLEITUNG

Bevor wir auf dieses Holzbrand-Heizsystem eingehen, das über *drei* Stockwerke (Keller, Erdgeschoß, Dachgeschoß) installiert wurde, ist es sicherlich hilfreich, ein vergleichbares, bereits erprobtes (und wissenschaftlich begleitetes!) »Kachelofen- und Großflächen-Heizsystem« kurz zu erläutern (Schulungszentrum Fa. Brunner, Eggenfelden):
Dieses Holzbrand-Heizsystem (ohne Wärmetauscher) zeigt zunächst die traditionelle Logik des Ofenbaus, bei dem die Heizgase vom Heizeinsatz (mit elektronischer Abbrandsteuerung) in das Zugsystem des Schamottespeichers und von dort in den Schornstein geleitet werden. Die ergänzende Logik, die jeder Ofenbauer kennt, ist aber, daß neben der Strahlungswärme des Einsatzes und des Schamottespeichers Luft erwärmt wird, die in einem geschlossenen Kreislauf nicht nur die Innenseite des äußeren Ofenmantels, sondern auch die großflächige Wand innenseitig in einem geschlossenen Kreislauf umspült.
Das setzt die geschlossene, mehrschalige Bauweise voraus, wie in der Zeichnung 6 (Draufsicht, s.S. 108) deutlich wird. Der Leser wird aber vor allem nach der Wärme fragen, die von diesem Ofensystem abgegeben wird. Und da kommt die Überraschung: Es gibt keine überhitzten Ofenflächen, die man kaum berühren kann, sondern es entsteht eine relativ gleichbleibende Temperatur über die gesamte Mantelfläche dieses Systems. Und um es gleich vorwegzunehmen: Kachelofenbau- und Hafnermeister, die dieses mehrschalige System ihren Kunden anbieten, versuchen nichts anderes, als die Hitze im Feuerraum (800°) konstruktiv so zu lenken, daß die Oberflächentemperatur des Ofenmantels nur noch »physiologische«, also körperlich »angenehme« Wärmegrade erreicht, die zwischen 30 und maximal 40 Grad Celsius liegen sollten. Daß das bei diesem Ofensystem erreicht wurde, zeigt folgende Gegenüberstellung (s Abb. 184 und 185).

Oben sehen wir die fotografische, natürliche Optik des Ofens; unten die thermographische Abbildung mit den unterschiedlichen Oberflächentemperaturen. Am rechten Bildrand ist die »Zuordnungstabelle« zu sehen, die den einzelnen Farben die gemessenen Temperaturen zuordnet. So entspricht die Farbe Rot dem Temperaturbereich von 36 bis 41 Grad Celsius, die Farbe Gelb 34 bis 35 Grad Celsius. Interessant ist, daß die Oberflächentemperaturen relativ gleichmäßig verteilt sind, und zwar nicht nur im Einsatz- und Speicherblock-Bereich, sondern auch in der integrierten Wandfläche, die von Warmluft hinterspült wird.
Verteilt man diese drei Systemteile (Heizeinsatz, Schamottespeicher, Großflächenheizung/Warmluftwand) auf drei Haus-Ebenen, ergeben sich folgende Arbeitsbereiche:

Keller	Heizeinsatz mit aufgesetztem Wasserteil/Wärmetauscher (Brunner HF 10–EOS)
Erdgeschoß (Eß- und Wohnbereich)	Schamottespeicher (Zugsystem und Mantel), offener Kamin
Dachgeschoß (Flur)	Großflächenheizung/Hypokausten-System (Warmluftwand)

Und da jedes Systemteil eine klar definierte Funktion zu übernehmen hat (*Wärmeproduktion:* Heizeinsatz; *Wärmespeicherung:* Schamottespeicher; *Wärmeabgabe:* Ofenmäntel im Erd- und Dachgeschoß), konzentriert sich der Ofensetzermeister auf jeden dieser drei Arbeitsbereiche, die durch einen geschlossenen Warmluftkreislauf (Vor- und Rücklauf) miteinander verbunden sind.
Nach diesem theoretischen Exkurs zeigt das folgende Kapitel, wie die Umsetzung in der Praxis aussieht.

Zeichnung 5 Ansicht des Großflächen-Heizsystems mit Heizeinsatz und Schamottespeicher (zur Erläuterung der Ziffern s. Zeichnung 6)

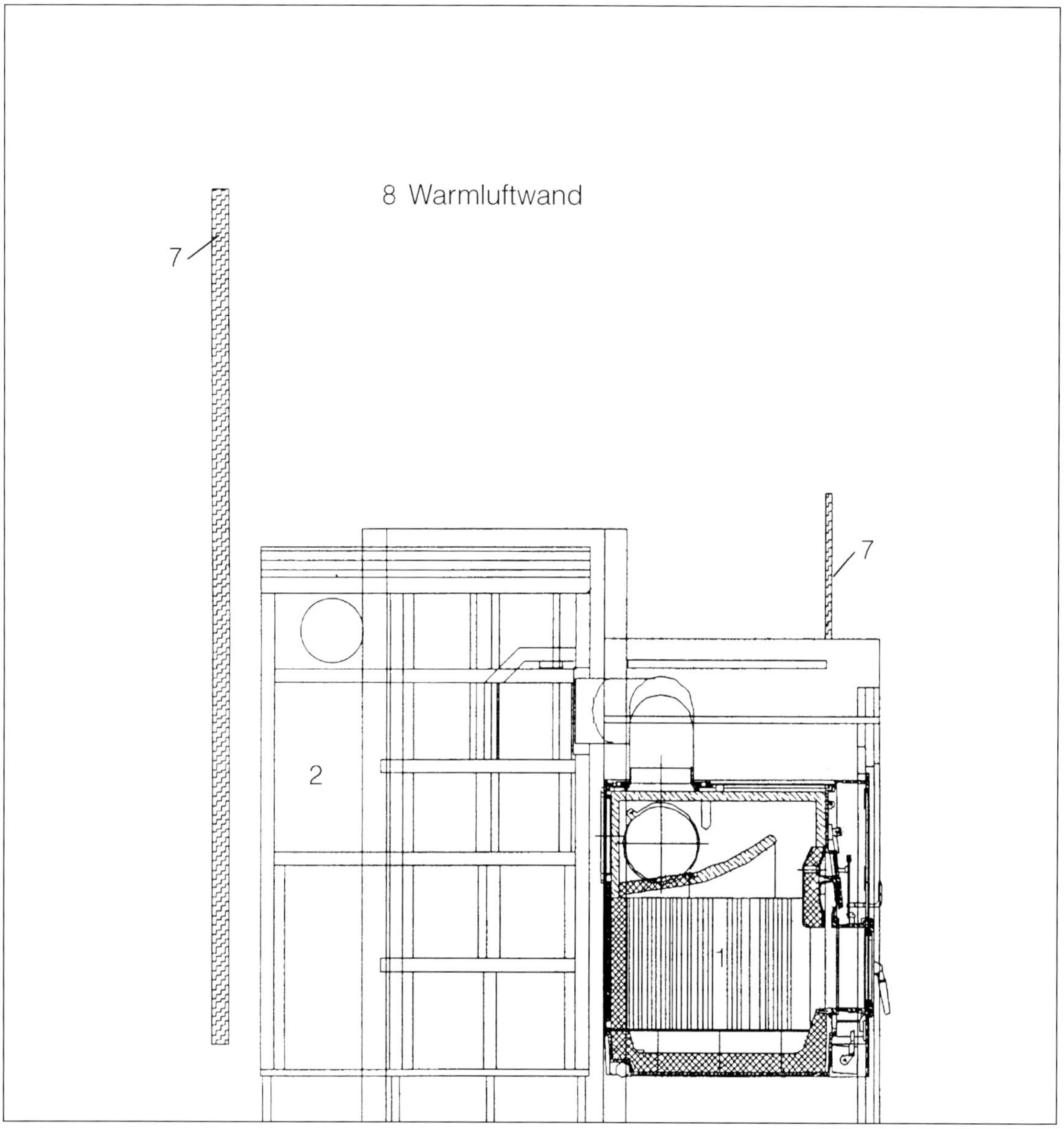

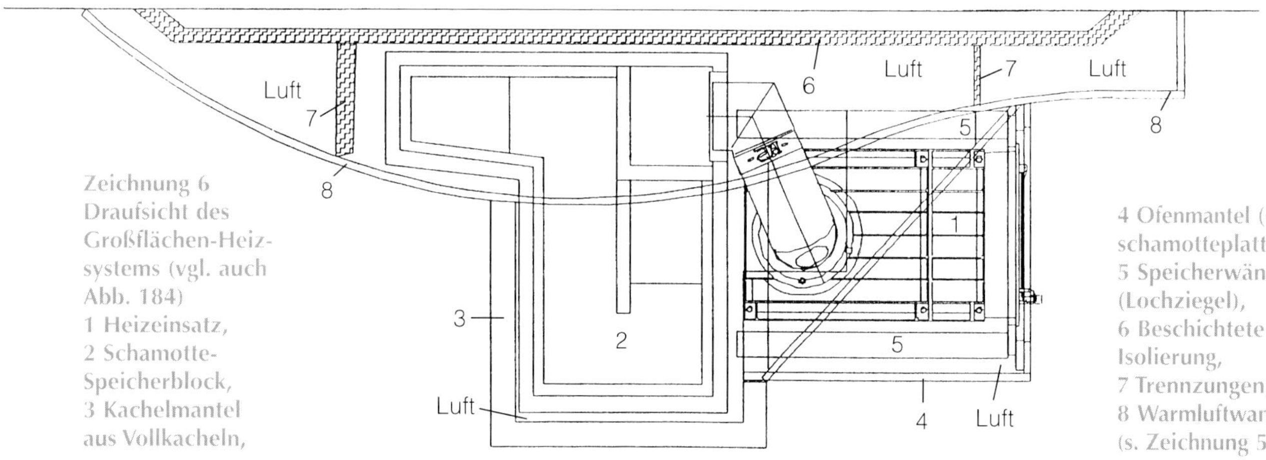

Zeichnung 6 Draufsicht des Großflächen-Heizsystems (vgl. auch Abb. 184)
1 Heizeinsatz,
2 Schamotte-Speicherblock,
3 Kachelmantel aus Vollkacheln,
4 Ofenmantel (Gußschamotteplatten),
5 Speicherwände (Lochziegel),
6 Beschichtete Isolierung,
7 Trennzungen,
8 Warmluftwand (s. Zeichnung 5)

BAUABLAUF

Unter dem beschriebenen, dreiteiligen Systemaspekt ergab sich folgender Arbeitsablauf auf der Baustelle:

- *Vorbereitende Arbeiten:* Isolierplatten mit Haftmörtel auf Glasfaser-Gitter versehen; Deckendurchbrüche freistemmen; Stahlsäule versetzen; Estrich ergänzen (Isolier-Ziegel und Zementestrich)
- *Wärmeschutz (Isolierung)* angrenzender Bauteile im Keller, Erd- und Dachgeschoß (Schornstein, Wände, Durchbrüche); mit beschichteten Steinwolleplatten der Baustoffklasse A1 nach DIN 4102 Teil 1 ummanteln;
- *Warmluft-Rücklauf* (Alu-Flexrohr) von der Kellersohle bis zum Dachgeschoß montieren und isolieren;
- *Schamottespeicher* (Liegezüge) im Wohn- und Eßbereich zweischalig setzen und statt Ofenkacheln mit einem »freistehenden Mantel« (Luftschicht!) aus Gußschamotteplatten ummanteln, um eine »Wärme-Skulptur« zu realisieren, die nicht nur den Wärmebedarf deckt, sondern auch die Innenarchitektur harmonisch ergänzt;
- *Offenen Kamin bauen* und in den Gußschamotteplatten-Mantel des Schamottespeichers integrieren (wird hier nicht näher beschrieben, da nicht Thema des Buches);
- *Ofenmantel verputzen:* 1. Schicht: Haftmörtel;
  2. Schicht: Klebeverputz mit Armierung (Gewebetapete);
  3. Schicht: Endbeschichtung mit Kachelofen-Dünnschichtmörtel (Klebeverputz oder Klimamörtel);
- *Wärmewand im Dachgeschoß* aus gebogenen Gußschamotteplatten setzen und verputzen (s.o.);
- *Heizeinsatz* (Brunner HF 10 mit Wärmetauscher) im Keller installieren, mit freistehenden Lochziegel-Speicherwänden einfassen und mit isolierten Gußschamotteplatten luftdicht ummanteln.

Vorbereitende Arbeiten

Ohne hier auf Planungs- bzw. Koordinierungsmängel einzugehen, waren auch auf dieser Baustelle bauliche Korrekturen und Ergänzungen durch den Hafnermeister vorzunehmen. Dazu gehörten:

- zu klein dimensionierte Deckendurchbrüche (Stahlbeton!) für das Rauchgasrohr und den Warmluftvorlauf vom Keller ins Erdgeschoß sowie die Warmluftöffnung zum Dachgeschoß vergrößern; fehlende Warmluft-Rücklauf-Öffnungen in der Keller- und Erdgeschoßdecke mit einem Spezialbohrer freibohren, um das Alu-Flexrohr installieren zu können;

- eine den Unterzug stützende Stahlsäule, die zu nah an den geplanten Schamottespeicher und Ofenmantel montiert war, um zirka zehn Zentimeter versetzen;

- unvollendeten Estrich im Wohnbereich ergänzen, wobei die Grundfläche des Speicherblocks mit Isolier-Ziegel abgedeckt und später mit einem vor Ort gemischten Zementestrich auf Fußbodenhöhe abgezogen wurde, der auch die angrenzende – noch offene Fußbodenheizfläche – mitabdeckte (s. Abb. 186).

Zu den vorbereitenden Arbeiten gehörte aber auch, die für den Wärmeschutz notwendigen Steinwolleplatten (1200 x 625 x 35 mm) für die spätere Montage vorzubereiten. Hierfür wurden die Dämmplatten auf einem Arbeitstisch beidseitig mit einem Glasfaser-Gewebegitter belegt und mit Haftmörtel beschichtet (s. Abb. 187).
Die Beschichtung der Dämmplatten hat den Vorteil, daß sie sich leichter montieren lassen, ihre Wärmedämmung erhöht wird und daß sie aufgrund der strapazierfähigeren Oberfläche auch nach der Montage zusätzlich beschichtet werden können. Sind die Dämmplatten nur einseitig beschichtet, so ist die zweite Beschichtung nach der Montage auszuführen.

186 Schornsteinblock mit Schornsteinanschluß für den Schamottespeicher (Zugsystem), links; rechts der Kaminanschluß; dazwischen verlaufen die isolierten Versorgungsleitungen; rechts unten sind die noch nicht installierten Kaminzuluft-Kanäle auszumachen, davor die freie Fläche für die Isolierziegel und die offene Fußbodenheizfläche; am linken Bildrand erkennt man die noch zu versetzende Stahlsäule ▽

187 Dämmplatte mit Glasfaser-Gewebegitter abdecken und mit Haftmörtel beschichten und abbinden lassen ▷

188 Isolierung des Schornsteins und der Versorgungsleitungen mit einseitig beschichteten Dämmplatten ◁ ▽

189 Nach der Plattenmontage erfolgte in diesem Beispiel eine zweite Beschichtung mit Haftmörtel auf das Glasfaser-Gewebegitter

Wärmeschutz/Isolierung

Es ist bekannt, daß alle Bauteile, die im Wärmestrahlenbereich liegen, mit »zugelassenen Isolierstoffen« zu schützen sind. Dazu gehören neben der hier verwendeten Steinwolle Mineralwolle, Glaswolle und Schlackenwolle gemäß DIN 4102 Teil 1.

Unabhängig davon, ob die Dämmplatten ein- oder zweischichtig mit Haftmörtel beschichtet wurden, werden sie – statt mit Nägeln – ebenfalls mit Haftmörtel angesetzt (Abb. 188).

Nach der Montage läßt sich dann die Dämmfläche mit einem Armierungsgewebe (Glasfaser-Gitter) abdecken und mit Haftmörtel beschichten (s. Abb. 189). Das Gewebe sollte hierbei immer um die Kanten herumgezogen beschichtet werden, um die Ecken und Kanten zu stabilisieren.

Sobald der Schornstein im Erdgeschoß komplett isoliert ist, kann der Durchbruch zum Keller, durch den das Rauchgasrohr vom Heizeinsatz zum ersten Liegezug des Schamottespeichers zu führen ist und die Warmluft aufsteigen soll, isoliert werden (s. Abb. 190), um Wärmeverluste und ein Erhitzen der Stahlbetondecke zu vermeiden.

Der gleiche Arbeitsgang wiederholt sich in der Deckenöffnung zum Dachgeschoß, durch die Warmluft strömen soll, um die noch zu errichtende »Wärmewand«, die »Wärme-Skulptur«, zu hinterspülen.

Desgleichen waren die angrenzenden Bauteile des Heizeinsatzes im Keller (Schornstein und Wände) zu isolieren und der Warmluft-Rücklauf mit beidseitig beschichteten Dämmplatten »einzuschalen«, um die Thermik dieses geschlossenen Warmluft-Kreislaufs (hier: kühlere, schwerere Warmluft vom Dachgeschoß in den Keller unter den Heizeinsatz führen) nicht durch Kälte- oder Wärmeeinflüsse zu behindern.

190 Isolierung des Deckendurchbruchs zum Keller; im Vordergrund sind ausgelegte Isolierziegel und offene Fußbodenheizschlangen, die später mit einem Estrich abgedeckt wurden, zu sehen

191 Isolierter Schornstein im Erdgeschoß; rechts im Bild die Bodenöffnung für das Rauchgasrohr und die aufsteigende Warmluft; vorne das freigefräste Loch für den Warmluft-Rücklauf

Warmluft-Rücklauf

Das setzte aber die dafür notwendigen Deckenöffnungen (Keller/Erdgeschoß und Erdgeschoß/Dachgeschoß) voraus, die nicht vorhanden waren; sie mußten mit einem Spezialbohrer kreisrund freigefräst werden (s. Abb. 191).
Erst danach konnten die Alu-Flexrohre vom Deckendurchbruch im Dachgeschoß bis in den Keller verlegt und dort, wie bereits erwähnt mit beschichteten Dämmplatten eingefaßt, isoliert werden.
Interessant ist hierbei, daß das für den Warmluft-Rücklauf verwendete, flexible Aluminium-Rohr mit einem Durchmesser von 20 Zentimetern zusätzlich mit einem größeren Alu-Flexrohr (Durchmesser: 25 cm) »überstülpt« wurde (s. Abb. 193), um das Luftpolster als zusätzliche Isolierung zu nutzen.

192

193

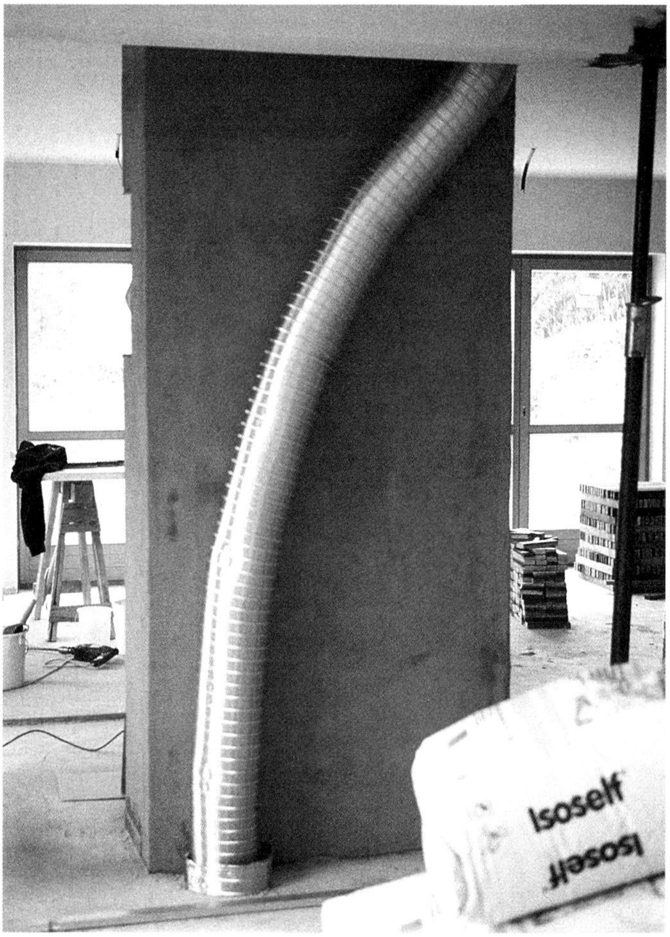

Schamottespeicher und Mantel

Es wurde bereits darauf hingewiesen, daß dieser »Ofen« im Wohn- und Eßzimmer, der eher einer »Wärme-Skulptur« ähnelt, in dreischaliger Bauweise errichtet werden sollte. Dreischalig deshalb, weil der Schamottespeicher (das Zugsystem) zweischalig zu setzen war und die dritte freistehende Schale, der Ofenmantel, nicht mit Kacheln, sondern mit Gußschamotteplatten hochgezogen werden sollte.
Spätestens nach der Bemerkung »Gußschamotteplatten statt Ofenkacheln« stellt sich die Frage, inwieweit diese Konstruktionsidee noch mit dem traditionellen Kachelofenbau vergleichbar ist. Sie ist es! Allerdings mit dem Unterschied, daß hier Verarbeitungsmaterialien eingesetzt werden, die in ihrer chemischen und physikalischen Wärme-Reaktion derart aufeinander abgestimmt sind, daß sie als ein »zeitgemäßes« Material-System für den Ofenbau bezeichnet werden können.
Interessant ist aber auch, daß mit diesem Material-System Ofenformen möglich sind, die mit den Standardformaten der Ofenkacheln (abgesehen von der Überschlagtechnik und anderen, handgeformten Ofenkacheln und eingeschlemmten Steinöfen) nicht so einfach zu realisieren sind; daß Kombinationen mit Ofenkacheln möglich sind, wurde bereits einleitend erwähnt.

Bei der Betrachtung des Arbeitsablaufs jedoch wird deutlich, daß mit diesem Ofenbau-Material-System neue handwerkliche Arbeitstechniken verbunden sind, die sich von der traditionellen Arbeitsweise erheblich unterscheiden.

192 Vorbereitete Installationen für den Heizeinsatz im Keller: Rechts der Schornstein mit den Reinigungstüren; links hinter dem Schornstein (unten) das Warmluft-Rücklaufrohr; oben im Bild der falsch eingemauerte Schornsteinanschluß (für Warmwasser-Betrieb); links die isolierte Kellerwand, davor eine freistehende Lochziegelwand als Wärmespeicher

193 Das Warmluft-Rücklaufrohr im Erdgeschoß; am Fußboden ist das größere Rohr bereits zu erkennen (vgl. auch Abb. 199)

Der erste Liegezug

Setzlinie und Auflageplatte

Der erste Arbeitsgang begann in unmittelbarer Nähe der Stahlsäule (siehe Zeichnung 7, rechts oben), wo die Setzlinie für den äußeren Ofenmantel festgelegt werden mußte. Wie für die anderen Setzlinien auch, wurde hierfür eine in der Werkstatt vorgefertigte Schablone aus Pappe auf den Boden gelegt, ausgewinkelt und auf den Magerbeton übertragen.
Aus der Zeichnung 7 ist zu entnehmen, daß hier eine gebogene Gußschamotteplatte mit einem Radius von 250 Millimetern (Höhe: 500 mm) aufzustellen war, die vorher maßgenau mit der Flex zugeschnitten wurde.
Zum Setzen dieser Platte wurde statt des im Ofenbau üblichen Schamottemörtels ein Haftmörtel (s. Abb. 196) mit schneller Abbindung und Festigkeitszunahme verwendet, der auf Grund dieser Eigenschaften nur in kleinen Mengen angerührt wird (die Menge, die innerhalb von 10-15 Minuten verarbeitet werden kann). Der in der »Töpferpfanne« angerührte Mörtel wird nicht mit der Töpferkelle, sondern mit dem Spachtel aufgetragen.
Weil dieser Haftmörtel sehr schnell abbindet und das gesetzte Teil – ob Kachel oder, wie in diesem Beispiel, eine Gußschamotteplatte – nach kurzer Zeit standstabil steht, kann der Ofensetzer an diesem Detail weiterarbeiten, ohne auf andere Arbeitsbereiche auszuweichen.
Deshalb konnte der Hafnermeister nach dem Errichten des Radialmantelteils die Basis für das Zugsystem vorbereiten und realisieren. Die Ofenplanung sah vor, daß die Warmluft (von dem Heizeinsatz im Keller erzeugt) auch den Schamottespeicher im Wohnbereich umspülen sollte; deshalb war es notwendig, den ersten Liegezug so hoch zu setzen, daß sich der vom Keller kommende Warmluftstrom auch unterhalb des ersten Zuges fortsetzen konnte (s. Abb. 183).

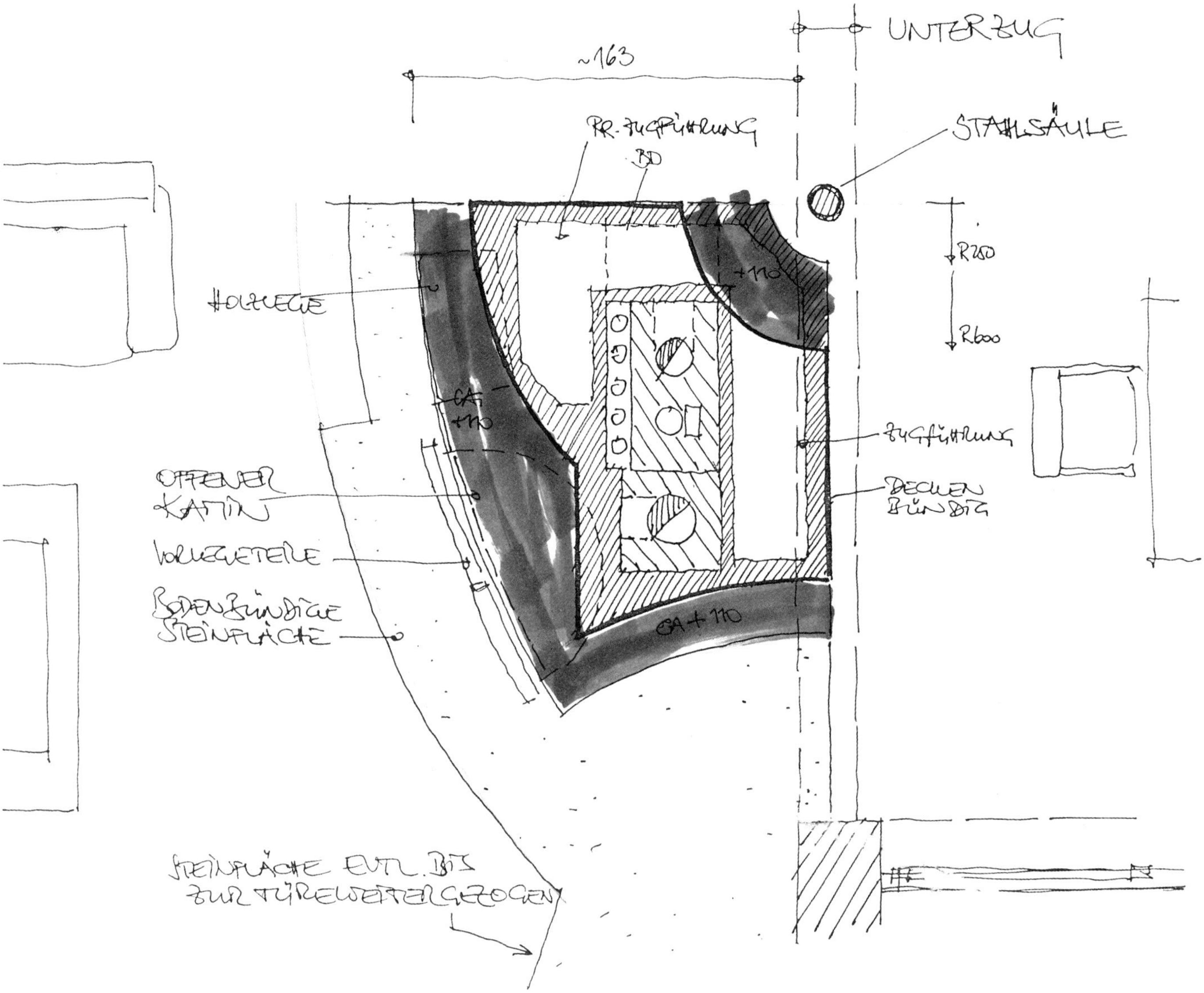

Zeichnung 7 Draufsicht des Speicherblocks mit Mantel im Erdgeschoß

Zeichnung 8 Ansicht des ummantelten Speicherblocks mit offenem Kamin im Wohnzimmer

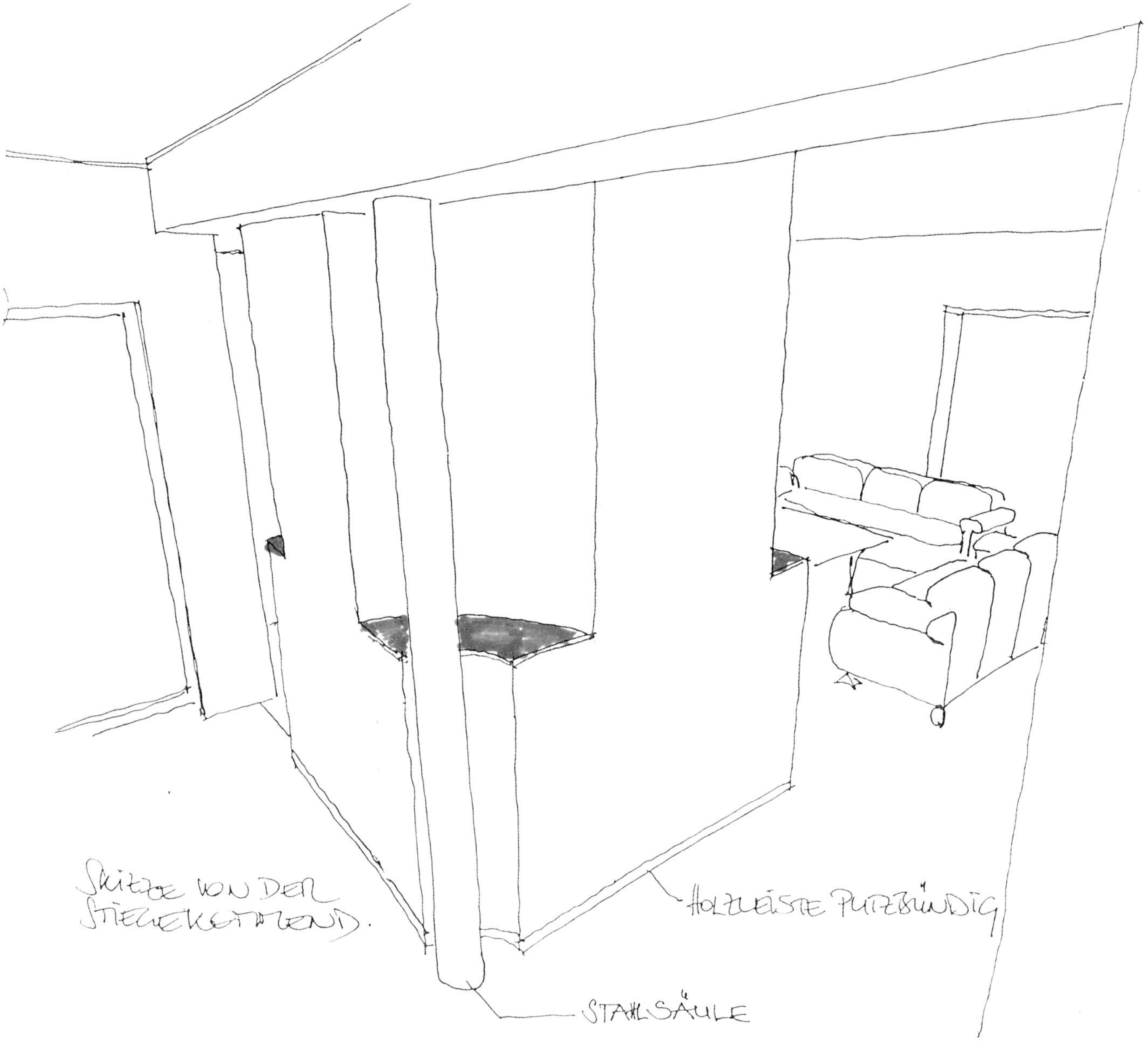

Zeichnung 9 Ansicht der »Wärme-Skulptur«, von der Treppe zum Dachgeschoß aus skizziert (links Eßzimmer, rechts Wohnzimmer) (die Zeichnungen 7, 8 und 9 fertigte J. Ortner an)

194 Vorgefertigte Schablone am Stahlträger, mit der die äußere Setzkante des Ofenmantels festgelegt wird; rechts ist die Deckenöffnung für das Rauchgasrohr und die aufsteigende Warmluft vom Heizeinsatz im Keller zu sehen

Für diesen Zweck wurde eine Gußschamotteplatte (2,5 cm stark) zugeschnitten und mit Haftmörtel auf hochkant gestellte Lochziegel (Höhe: 11,5 cm) gelegt, die vorher mit dem gleichen Mörtel gesetzt wurden. Beim Zuschnitt dieser Auflageplatte war aber darauf zu achten, daß nach dem Setzen genügend Luft zwischen Schornstein und Ofenmantel verblieb (2–4 cm).
Sobald die Auflageplatte waagerecht verlegt ist, kann der Ofenmantel ergänzt werden, wobei weiterhin mit dem Haftmörtel gearbeitet wird (s. Abb. 197–199).

195 Zuschnitt der halbrunden Gußschamotteplatte

196 Mit *Haftmörtel* auf Magerbeton gesetzte Radialplatte; der Hafnermeister korrigiert gerade den lotrechten Stand

197 Haftmörtel für die Anschlußplatte mit dem Spachtel auftragen

198 Die Platte wird seitlich und unten mit Haftmörtel versehen und angesetzt

199 Anschließend muß der Stand in Waage und Lot korrigiert werden (links im Bild das Warmluft-Rücklaufrohr) ▽

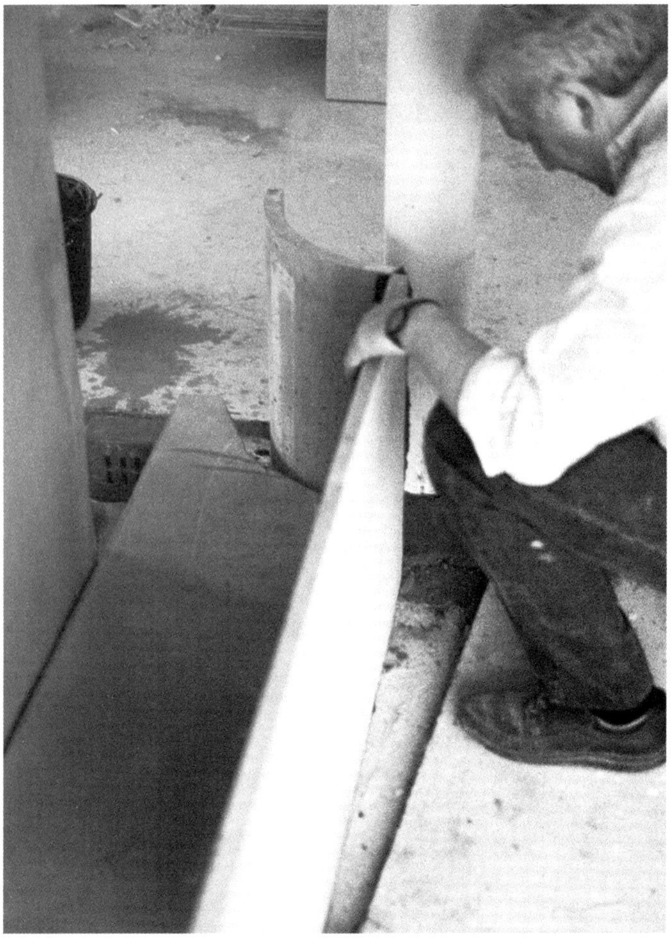

Der zweischalige Zug

Aufgrund der Heizleistung des Holzbrand-Einsatzes (Brunner HF 10 mit Wärmetauscher), der mit bis zu zehn Kilogramm trockenen Holzscheiten pro Abbrand gefüllt werden kann und eine Nennwärmeleistung (nach DIN) von acht Kilowatt erreicht (ohne Wärmetauscher), konnte mit einer Zuglänge von neun bis zehn Metern im Speicherblock (!) geplant werden. Eine Planungsgrundlage, die auch dadurch erleichtert wurde, weil hier ein Neubau vorlag, in dem modernste Schornsteintechnik (Schiedel) realisiert wurde.
Ausgehend von dieser Zuglänge war ein Schamotte-Speicherblock mit vier Liegezügen realisierbar, die so anzulegen waren, daß die Strahlungswärme im Eß- *und* im Wohnzimmer spürbar, erlebbar wird.
Kern dieses Zugsystems ist die zweischalige Bauweise, die lediglich zwei Schamotteplatten-Formate benötigt: Das Grundformat (20 x 25 cm) unterscheidet sich lediglich in der Dicke/Stärke (3 und 4 cm) sowie in der unterschiedlichen Schamottequalität.

In der Abbildung 200 wird das System der zweischaligen Bauweise deutlich:
Die den Rauchgasen ausgesetzte *Innenschale* besteht aus den beiden vier Zentimeter dicken Schamotteplatten, deren keramische Zusammensetzung eine höhere Temperaturwechselbeständigkeit und ein höheres Wärmeleitungsvermögen hat, womit dem Rauchgasstrom mehr Wärme entzogen wird.
Die *Mittelschale*, in der Abbildung die Grundplatte und die beiden äußeren Schamotteplatten, ist die harte, tragende Schicht mit einer Stärke von drei Zentimetern.
Bei dieser Konstruktion ergibt sich eine Gesamtbreite beider Schalen von 32 Zentimetern und eine Zugbreite von 18 Zentimetern. Die Zughöhe kann aufgrund der Höhen- und Breitenformate zwischen 20 und 25 Zentimetern variieren; andere Höhen würden einen entsprechenden Zuschnitt der Platten erfordern.

200 Konstruktionssystem der Züge für den Schamottespeicher

Für diesen Schamottespeicher wurden folgende Zugquerschnitte gewählt:

1. Zug	18 x 25 cm
2. Zug	18 x 25 cm
3. Zug	18 x 20 cm
4. Zug	18 x 20 cm
5. Zug	18 x 20 cm

Der Schornsteinanschluß hatte einen Durchmesser von 18 Zentimetern.

201 Teilweise gesetzte Mittelschale mit Luftzwischenraum zum Ofenmantel (links) und Schornstein (rechts)

202 Mit Haftmörtel gesetzter Anschlußstein hinter der Fußbodenöffnung zum Keller

Im ersten Arbeitsgang wurde die Mittelschale mit Haftmörtel gesetzt und zwar so, daß zur dritten Schale, dem Ofenmantel und dem Schornstein Luft verblieb (s. Abb. 201), die ja bereits beim Zuschnitt (Breite: 32 cm) der Auflageplatte berücksichtigt wurde.
Weil das Rauchrohr vom Keller mit dem ersten Zug zu verbinden war, mußte im nächsten Arbeitsgang der Anschlußstein gesetzt werden (s. Abb. 202), um die erste Reihe der Mittelschale komplettieren zu können.

Nachdem die erste Reihe der Mittelschale ergänzt worden war, konnte die Zeit bis zum Abbinden des Haftmörtels (etwa 45 Minuten) genutzt werden, das Warmluft-Rücklaufrohr mit beschichteten Dämmplatten zu verkleiden.
Anschließend wurde die zweite Reihe der Mittelschale fugenversetzt in Haftmörtel gemauert, so daß eine Gesamthöhe von 40 Zentimetern erreicht wurde und mit der Innenschale begonnen werden konnte.

203 Im Bild die mittlere Schale des ersten Zuges; links die Außenschale aus Gußschamotteplatten, im Hintergrund das verkleidete Warmluftrohr

Bisher wurden alle Bauteile mit dem sogenannten Haftmörtel verbunden. Für den Innenausbau – und hier sind wir wieder bei dem erwähnten »Material-System« – ist ein besonderer Schamottemörtel, der »Ausbaumörtel« zu verwenden.

Während der Haftmörtel in relativ fester Konsistenz angerührt und verarbeitet wird, ist der Schamottemörtel für den Innenausbau etwas »dünnflüssiger«, breiiger vorzubereiten, um ihn mit der Abziehkelle und dem Zahnspachtel verarbeiten und um eine absolute Fugendichtigkeit garantieren zu können.

Im ersten Arbeitsgang war der Zugboden mit drei Zentimeter dicken Schamotteplatten (20 x 25 cm) abzudecken. Hierfür wurde der Ausbaumörtel mit dem Zahnspachtel auf den Boden aufgezogen, die darauf einzureibende Platte mit einer dünnen Kontaktschicht desselben Mörtels versehen und reibend eingesetzt (s. Abb. 204).

Anschließend wird die verlegte (Boden-)Fläche mit dem gleichen Mörtel dünnflächig abgedeckt und mit einem Schwamm fugendicht verrieben. Erst jetzt kann die Innenschale (25 x 20 x 4 cm) hochkant gesetzt werden.

204 In »Ausbaumörtel« (Schamottemörtel für den Innenausbau) verlegte Bodenplatten; rechts der Anschlußstein zum Rauchrohr

205 Ansetzen der mit Mörtel versehenen Schamotteplatten (Innenschale)

206 Komplett gesetzte Innen-, Mittel- und Außenschale des ersten Zuges

Vorbereitend wird die Innenwand der Mittelschale mit einer dünnen Kontaktschicht versehen, desgleichen die anzusetzende Schamotteplatte der Innenschale, wofür eine Glättkelle zu empfehlen ist (s. Abb. 205). Beide Flächen werden dann mit Ausbaumörtel (mit Hilfe des Zahnspachtels) nachgezogen und anreibend miteinander verbunden.

Bevor dieser erste Zug mit drei Zentimeter starken Schamotteplatten (25 x 20 cm) bis auf die Öffnung zum zweiten Zug abgedeckt werden konnte, wurde der Zugboden mit einer Schamotte-Gußmasse-Schicht versehen. Diese Schamotte-Gußmasse, die zu einer selbstverlaufenden Konsistenz anzurühren ist (s. Abb. 207), erhöht die Wärmespeicherung und die Wärmeabstrahlung im ersten Zug, in den die Rauchgase mit einer Temperatur von etwa 450 bis 500 Grad Celsius hineinströmen werden.

207 Ausgießen der Schamotte-Gußmasse auf den Boden des ersten Zuges; rechts unten ist zu erkennen, daß die Oberkante des Anschlußsteines mit einem Mineralfilz belegt ist, um Dehnungskräfte aufzufangen (das Rauchrohr – vom Keller – wurde ebenfalls mit diesem Filz umlaufend versehen, bevor es mit dem Anschlußstein verbunden wurde)

208 Abdeckung des ersten Zuges mit Schamotteplatten

Ist diese angerührte Masse auf dem Zugboden ausgegossen, wird sie mit einer Kelle nachgezogen und eben gestrichen. Danach kann mit der Abdeckung begonnen werden, wobei im hinteren Teil des Zuges die Öffnung zum zweiten Zug freizulassen war. Dafür wurde ein Format gewählt, das um 1/10 größer als der Zugquerschnitt (18 x 25 cm) sein sollte, um den »Bremseffekt«, die »Strömungsbremse« dieses Übergangs, zu überwinden.

Auch für das Setzen der Abdeckplatten wurde der bereits erwähnte Ausbaumörtel verwendet, wobei die Kontaktflächen vorher wieder mit einer dünnen Mörtelschicht zu versehen waren.

209 Abgedeckter erster Zug (links); rechts sind die Ziegelständer mit Auflageplatte für den zweiten Zug zu erkennen, oben der Schornsteinanschluß, in den der fünfte Zug zu führen ist (vgl. Abb. 220: Pfeilverlauf!)

Der zweite Liegezug

Vorbereitende Arbeiten

In der Abbildung 209 sind rechts vom abgedeckten ersten Zug die tragenden »Säulen« für die Auflageplatte des zweiten Zuges zu erkennen. Um die Logik dieser Unterkonstruktion besser zu verstehen, sei an das Bild auf der Rückseite des Umschlags (Abb. oben links) erinnert, wo der Hafnermeister die Mittelschale für den fünften Zug vorbereitet.

Hingewiesen sei der Leser in diesem Zusammenhang besonders auf den (aufgeklebten) Pfeil unten links: Er deutet an, daß die Heizgase durch das noch nicht angeschlossene Rauchrohr (vom Keller) nach links in den ersten Liegezug geleitet werden sollen. Der Pfeil darüber zeigt die Richtung der künftigen Heizgase im zweiten Zug an (daneben die Reinigungsöffnung). Und betrachtet man das Bild auf der Rückseite, wird das Zugsystem um so deutlicher.

Für den Leser stellt sich die Frage, wie hoch diese Pfeiler aus hochkant mit Haftmörtel gesetzten Lochziegelsteinen sein mußten, damit der Boden des zweiten Zuges in waagerechter Ebene diese »Öffnung« (Rauchrohr und Warmluft) überbrücken kann? Antwort vorweg: 45 Zentimeter. Dazu folgende Addition der bisher verwendeten Bauteile des ersten Zuges (ohne Fugen):

Hochkant gestellter Lochziegel	11,5 cm
Gußschamotteplatte (Auflage)	2,5 cm
Bodenplatte Zug	3,0 cm
Zughöhe	25,0 cm
Abdeckung	3,0 cm
Summe/Höhe der Unterkonstruktion	45,0 cm

Da die Fugenbreiten beim Haft- und beim Ausbaumörtel nicht stärker als fünf Millimeter sein müssen, ergeben sich weitere 2,5 Zentimeter, die der Plattenstärke der Auflageplatte (Gußschamotteplatte) entsprechen.

210 Setzen der Mittelschale mit Haftmörtel; abgebildet ist auch die Töpferpfanne mit Spachtel

211 Im Bild die mit Ausbaumörtel fugenversetzt angeriebene Innenschale, die gerade abgedeckt wird; in der Bildmitte ist der Überbrand, die Öffnung zum zweiten Zug, auszumachen

Mittel- und Innenschale setzen

Im nächsten Arbeitsgang wird nun wieder die umlaufende Mittelschale (s. Abb. 210) mit Haftmörtel fugenversetzt zur unteren Plattenreihe gesetzt und nach kurzer Abbindezeit mit der vier Zentimeter dicken Innenschale versehen, wofür aber nicht der Haftmörtel, sondern der bereits erwähnte Ausbaumörtel zu verarbeiten ist (Kontaktschicht, Mörtel mit Zahnspachtel, Anreiben). Der gleiche Mörtel ist auch für die Zugabdeckung (s. Abb. 211) zu verwenden, wobei auch hier wieder die Auflageflächen vorher einen dünnen Kontaktstrich erhalten.

Dritter und vierter Liegezug

Ist der zweite Zug abgedeckt, werden in der beschriebenen Arbeitsweise der dritte und vierte Zug vorbereitet. Dabei ist es für den Leser wichtig zu wissen, daß der Speicherblock zunächst links vom Schornstein hochgezogen und erst später auf der rechten Seite ergänzt wurde.

Da die Reinigungsöffnungen bisher noch nicht erwähnt wurden, soll hier kurz darauf eingegangen werden. Normalerweise sind Reinigungsöffnungen Teil des Kachelmaterials, wie in vorhergehenden Kapiteln beschrieben. In diesem Beispiel wurden aber keine Ofenkacheln verwendet, so daß eine andere Lösung zu realisieren war. Wie aus der Abbildung 212 ersichtlich, wurden hierfür Anschlußsteine (27 x 27 cm) verwendet, deren Öffnungen später mit selbstgegossenen Deckeln aus Schamotte-Gußmasse geschlossen wurden (der erste Zug wird später über das noch anzuschließende Rauchrohr gereinigt).

212 Anschlußsteine als Reinigungsöffnungen für den zweiten, dritten und vierten Liegezug

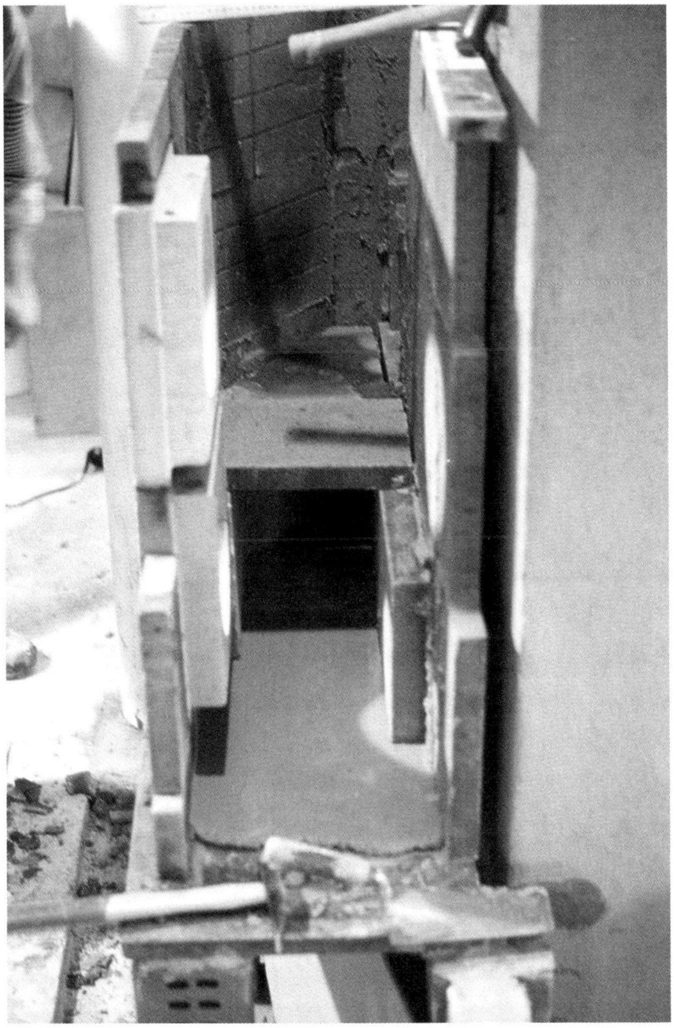

213 Der gleiche Bauabschnitt, von der rechten Seite gesehen

214 Die Zugkonstruktion des Schamottespeichers kurz vor Abdeckung des vierten Zuges (unten ist der Zugang zum ersten Zug noch zu erkennen)

In der Abbildung 213 ist in der Bildmitte der zweite Zug zu erkennen, dessen Boden an dieser Übergangsstelle mit einer zusätzlichen Gußschamotteschicht überzogen wurde. Interessant ist ferner, daß auch hier zwischen isolierter Schornsteinwand und »Mittelschale« (in der Abbildung rechts) ein Luftzwischenraum gelassen wurde. Links im Bild sind die übereinander stehenden Reinigungsöffnungen zu erkennen.

Hier sei noch einmal daran erinnert, daß die ersten beiden Züge ein Querformat von 18 x 25 Zentimetern hatten und der dritte und vierte Zug mit 18 x 20 Zentimeter konstruiert wurden, wobei für den Überbrand vom dritten zum vierten Zug eine Öffnung von 18 x 22 Zentimetern freigelassen wurde.

Wie auch alle vorhergehenden Züge wurde der vierte – auf dieser Speicherblockseite der letzte – wiederum mit drei Zentimeter dicken Schamotteplatten abgedeckt (s. Abb. 211), wofür wieder der Ausbaumörtel zu verwenden war.

215 Abgedeckter Speicherblock-Teil; links das mit Dämmplatten isolierte Warmluft-Rücklaufrohr; die aufgeklebten Streifen zeigen den Zugverlauf

216 Der Hafner beim Ergänzen des Zugsystems rechts vom Schornstein; auch hier ist wieder die Markierung für den Zugverlauf zu sehen

Für die endgültige Abdeckung (s. Abb. 215) des vierten Zuges wurde eine Gußschamotteplatte (Stärke: 2,5 cm) mit der Flex zugeschnitten und in Haftmörtel waagerecht gelegt. Hierfür war der Haftmörtel vorher mit dem Spachtel auf der oberen Kante der Mittelschale aufzutragen. Anschließend konnte mit der Ergänzung dieses Speicherblocks rechts vom Schornstein begonnen werden (s. Abb. 216).

217 Der vierte Zug kurz vor der Abdeckung und Vorbereitung des letzten (5.) Zuges, der zum Schornsteinanschluß zu führen war

Ergänzung des Schamottespeichers

In den ersten Arbeitsgängen war die Zuglänge festzulegen, also die Fortsetzung des zweiten Zuges und entsprechend die tragenden Ziegelsäulen für die Auflageplatte (Gußschamotte, 2,5 cm stark). Auf dieser Auflageplatte wiederholte sich das bisherige Konstruktions-System: Aufbau der mittleren Schale mit Haftmörtel; Einbau der inneren Schale je Zug und dessen Abdeckung mit Ausbaumörtel. Zwischen Schornstein und Mittelschale wurde wieder eine Luftschicht von zwei bis drei Zentimetern eingehalten, die auch beim Zuschnitt der Auflageplatte einzuhalten war (s. Abb. 217).
Aus der Abbildung 218 geht nicht hervor, daß das Ende des fünften Zuges mit einem Anschlußstein gemauert wurde, der vor dem Setzen ebenfalls mit einem umlaufenden Mineralfilz zu versehen war.

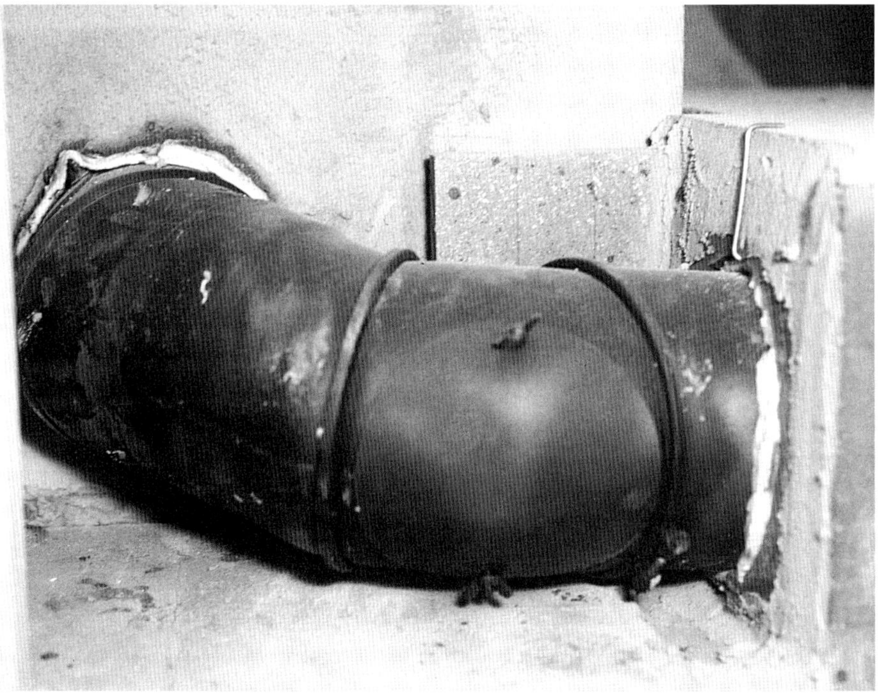

218 Rauchrohrverbindung vom abgedeckten fünften Zug zum Schornstein, wobei die Anschlüsse des Rohres vorher mit Mineralfilz umwickelt wurden, um Dehnungskräfte aufzufangen

Setzen des Ofenmantels (Außenschale)

Es wurde bereits erwähnt, daß für die dritte Schale, den Ofenmantel, weder Ofenkacheln noch Ziegelsteine, sondern ausschließlich Gußschamotteplatten verarbeitet werden sollten. Zu Beginn dieses Kapitels sind wir bereits kurz darauf eingegangen (vgl. Abb. 195–199).

Diese in Guß- und Preßverfahren aus verriebener Schamotte und Glasfaserarmierung hergestellte, feuerfeste Bauplatte eignet sich (nach Angaben des Herstellers J. Ortner, Wien) aufgrund der hohen Wärmespeicherung und Abstrahlung besonders für Strahlungswände, Hypokausten- und Warmluftanlagen sowie sämtliche »Außenkonstruktionen« im Kachelofenbau.

Dieses Material, das bis zu Anwendungstemperaturen von 1000 Grad Celsius verarbeitet werden kann, wird als ebene und gebogene Platte angeboten. Das Standardformat für die flache Tafel beträgt 1200 x 500 x 25 mm, während die gebogenen Platten (Höhe: 500 mm) in zwölf unterschiedlichen Radien (von 10 bis 100 cm) mit einer Durchschnittslänge von 600 Millimetern angeboten werden (s. Abb. 219).

219 Gußschamotteplatten-Material für den Ofenbau; hinten im Bild unterschiedliche Radialplatten; vorne aus der flachen Tafel geschnittene Streifen für »besondere« Wandgestaltungen

220 Kompletter Schamotte-Speicherblock kurz vor der Abdeckung des fünften Zuges mit einer Gußschamotteplatte

221 Haftmörtel mit dem Spachtel auf der Kante der Platte auftragen

222 Teilweise gesetzter Ofenmantel aus Gußschamotteplatten; unten sind flache, rechts und oben Radialplatten zu erkennen

Für den Ofenbauer ist dieses Material nicht nur wegen seiner physikalischen Eigenschaften interessant, sondern auch wegen der damit verbundenen *Gestaltungsvielfalt*, das heißt für das individuelle »Design« eines Wärmezentrums. Gußschamotteplatten werden ausschließlich mit Haftmörtel gesetzt. Dabei wird der Mörtel, wie bereits erwähnt, mit dem Spachtel auf die zu verbindenden, vorher gesäuberten Kanten der Platten aufgetragen und dann zusammengefügt (s. Abb. 221 und 222).

Es versteht sich von selbst, daß jede einzelne Platte in Lot und Waage zu setzen ist, wobei neben der Wasserwaage auch das Richtscheit (und Zwingen) sehr hilfreich ist. Selbst angefertigte Schablonen aus Pappe oder Hartfaserplatte sind dann zu empfehlen, wenn mit dem Streifenmaterial gebogene Ofenmäntel gesetzt wurden, die auf den endgültigen Stand auszurichten sind.

Wo aus statischen Gründen eine zusätzliche Stabilisierung der Mantelfläche notwendig ist – zum Beispiel dort, wo eine senkrechte Fuge auf eine waagerechte stößt –, wird entweder ein kleiner Streifen oder ein handtellergroßes Plattenstück von innen mit Haftmörtel »angeheftet« und später mit Schnellbauschrauben von außen verschraubt, wobei die Lochführung vorzubohren ist.

Ist ein Mantelteil des Ofens gesetzt (in diesem Beispiel bis zur Decke), und hat der Haftmörtel seine Endfestigkeit erreicht, kann mit dem Verputzen dieses Teils begonnen werden. (Anmerkung: Da der Haftmörtel nach 4–6 Stunden seine belastbare Endfestigkeit erreicht und verputzt werden kann, wurde dieser Zeitraum genutzt, um andere Speicherflächen zu ummanteln und den offenen Kamin baulich vorzubereiten.)

»Verputzen« eines Ofenmantels aus Gußschamotteplatten heißt, nach Angaben des Herstellers, der dieses aufeinander abgestimmte »Material-System« anbietet, daß hierfür nur der Haftmörtel zu verwenden ist. Und zwar deshalb, weil diese Schicht wiederum Voraussetzung für die darauf aufzubringende dünne, *bewehrte* Verputzschicht ist, die die endgültige Endbeschichtung zu tragen hat.

Zu diesem »Material-System« gehört aber auch das handwerkliche Know-how, wie der Haftputz *großflächig* aufzutragen ist: Zuerst ist eine dünne »Kontaktschicht« mit der Glättkelle aufzuziehen, die anschließend mit der gewünschten Haftmörtelstärke angeputzt wird; da der Haftmörtel nur bis zu 15 Minuten verarbeitungsfähig ist, muß zügig gearbeitet werden (s. Abb. 223–225).

223 Auftragen der »Kontaktschicht«

224 Flächiges Abziehen der Verputzschicht mit dem Richtscheit

225 Flächiges Nachglätten mit der Glättkelle

226 Mit Gußschamottestreifen begonnener Ofenmantel

227 Auflageplatte (in Bildmitte) für den oben versetzt zu errichtenden Mantelteil

Bevor auf die beiden noch aufzuziehenden Putzschichten eingegangen wird, soll zunächst die Komplettierung des Ofenmantels beschrieben werden.

In der Abbildung 219 sind Streifen aus Gußschamotteplatten abgebildet, die für besondere Formgebungen geeignet sind. In unserem Beispiel (siehe Zeichnung 7) war geplant, die vom Eßzimmer zum offenen Kamin führende Schale in einer leicht gebogenen Linie zu setzen, die nicht mit radialen Formstücken realisierbar war. Das heißt, hier mußten die Streifen *einzeln* in Haftmörtel auf die Setzlinie gesetzt und miteinander verbunden werden (s. Abb. 226). Die Setzlinie wurde zuvor mit Hilfe einer Schablone auf dem Estrich markiert und zwar derart, daß zwischen Wand und isoliertem Schornstein eine (Warm-)Luftschicht verblieb.

228 Versetzt aufgebauter Ofenmantel (nach dem armierten Klebeverputz)

Weil nach der zweiten Streifenlage die dritte und deckenanschließende Reihe zum Kamin hin »verzogen« werden sollte, wurde eine Auflageplatte aus dem gleichen Material zugeschnitten und mit Haftmörtel stand- und tragsicher verlegt (s. Abb. 227). Anschaulicher wird diese Konstruktionsidee in der Abbildung 228, die dieses Detail kurz vor der Fertigstellung verdeutlicht.
Diese dem Arbeitsablauf vorgezogene Abbildung möge dem interessierten Leser andeuten, wie vielfältig dieses Material in die *Ofengestaltung* einbezogen werden kann. Das gilt auch für die Abbildung 229, in der die Kamineinfassung und das Holzlagerfach mit diesen »Streifen« realisiert wurden. Nachdem der Schamotte-Speicherblock und der Kamin ummantelt sind, werden diese Flächen mit Haftmörtel verputzt und nach dessen Abbindung mit einem Klebeverputz – einschließlich Armierung – versehen.

229 Kamineinfassung und Holzlagerkonstruktion mit Gußschamottestreifen

230 Mantelfläche mit Haftmörtel verputzen und nachglätten

231 Die zugeschnittene Gewebetapete wird in den Klebeverputz angelegt

Der Klebeverputz ist ein Dünnschicht-Verputzmörtel, der in Verbindung mit der Gewebetapete eine flächendeckende Armierungsschicht ergibt, Dehnungskräfte aufnimmt und eventuelle Rißbildungen überbrückt. Das setzt aber voraus, daß die Verarbeitungshinweise des Herstellers genau beachtet werden:
Im ersten Arbeitsgang wird die angerührte Mörtelmasse mit einer Glättkelle dünn auf die verputzte Fläche aufgetragen (Kontaktschicht). In dieses dünne Mörtelbett wird dann die Gewebetapete mit der Kelle fest anliegend eingerieben, um zu verhindern, daß Luftblasen oder schlechte Kontaktstellen entstehen. Anschließend wird die Gewebetapete dünn »überspachtelt«. An Ecken und Kanten ist das Armierungsgewebe »auf Stoß« zu verlegen und mit dem Klebeverputz zu einer sauberen Kante zu gestalten. Nach etwa 45 Minuten ist der Klebeverputz soweit abgebunden, daß die endgültige, ein bis zwei Millimeter starke Deckschicht aufgezogen werden kann, wofür sich auch dieser Verputzmörtel eignet. Falls eine gekörnte Putzstruktur gewünscht wird, empfiehlt es sich, einen speziellen Kachelofenputz zu verwenden.

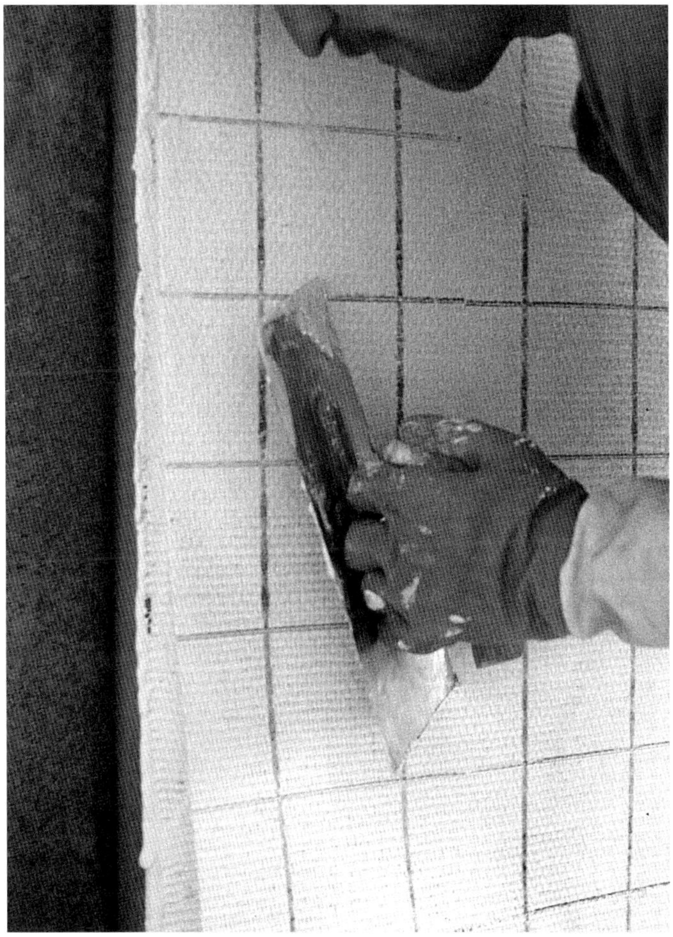

232 Wichtig ist, daß sie mit der Glättkelle *blasenfrei* (!) angerieben wird

233 Ummantelter Schamotte-Speicherblock nach dem Klebeverputz (Ansicht vom Eßzimmer)

234 Ummanteltes »Wärmezentrum« mit offenem Kamin kurz vor Abschluß der Klebeverputz-Arbeiten

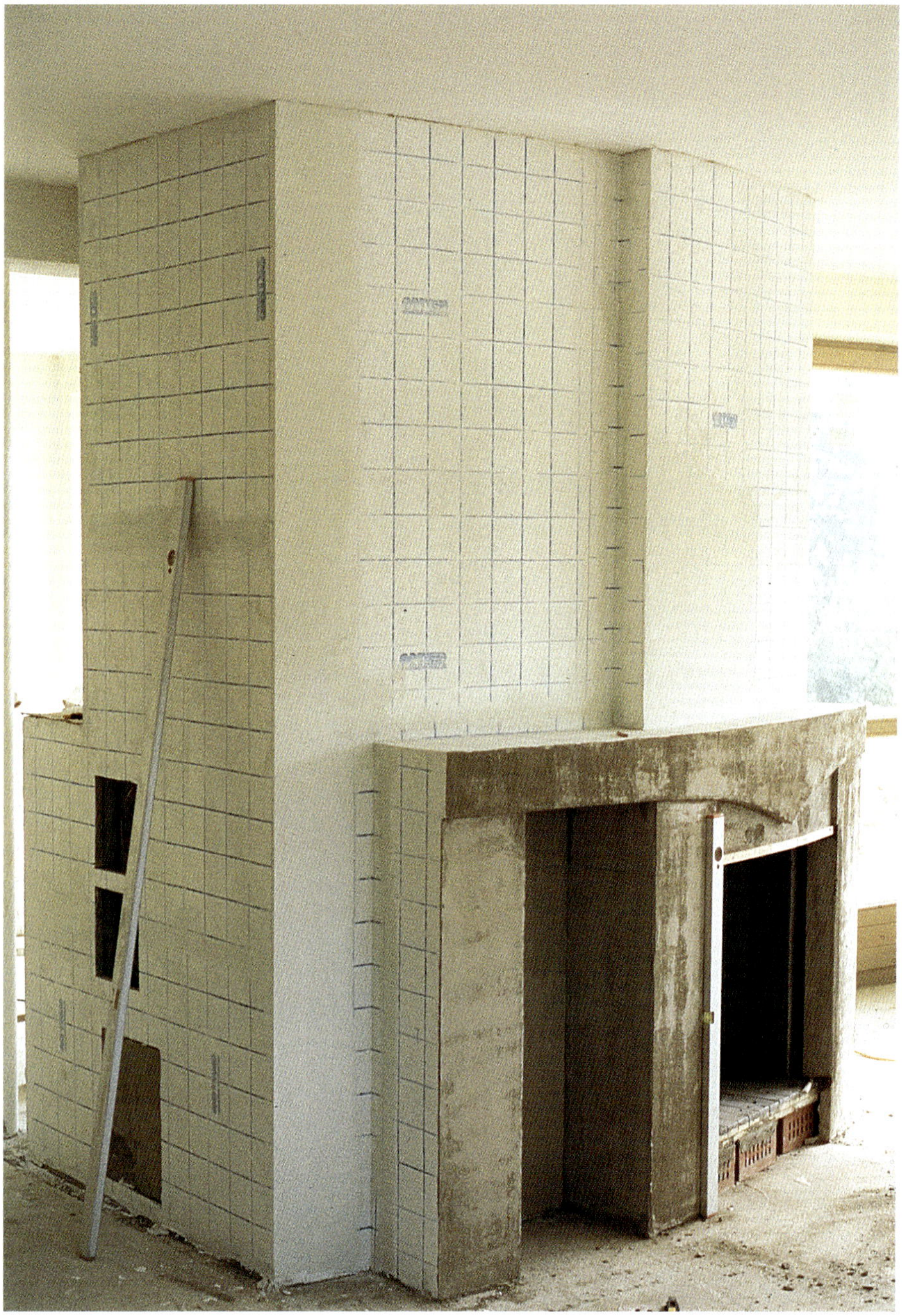

Wärmewand im Dachgeschoß

Vorarbeiten

Es wurde bereits zu Beginn dieses Kapitels darauf hingewiesen, daß die »Wärmewand« im Dachgeschoß (Breite: 210 cm; Höhe: 265 cm; Fläche: 5,5 qm) nur von Warmluft hinterspült werden sollte. Und weil der Warmluftkreislauf nach dem Hypokausten-Prinzip zu bauen war, war es notwendig, Heizeinsatz (im Keller) und Schamottespeicher (im Erdgeschoß) mit einem freistehenden »Mantel« luftdicht einzufassen, um diesen geschlossenen Kreislauf vom Keller bis ins Dachgeschoß funktionsfähig zu realisieren. Die gleiche »geschlossene« Bauweise war deshalb auch im Dachgeschoß notwendig.

Zu den Vorarbeiten gehörten allerdings diverse Stemm- bzw. Bohrarbeiten. Zunächst waren das kreisrunde Loch für das Warmluft-Rücklauf-Rohr (Durchmesser: 250 mm) zu bohren und die Öffnung für den Warmluft-Vorlauf (ca. 50 x 20 cm) und ein Mauervorsprung freizustemmen.

Im nächsten Arbeitsgang wurde mit der Isolierung der Rückwand begonnen, die später komplett mit Haftmörtel und Glasfaser-Gitter »verputzt« wurde. Außerdem war das Alu-Flexrohr (Warmluft-Rücklauf) am Boden im 90°-Winkel nach links zu »formen«, damit die künftige Warmluft die Ofenwand noch intensiver hinterspült. Als Befestigungsmaterial wurde wieder Haftmörtel verwendet.

Außerdem war das Loch für den Warmluft-Vorlauf umlaufend zu isolieren, bis eine Öffnung von 40 x 11 Zentimetern verblieb (isolierte Öffnung Keller/Erdgeschoß: 35 x 20 cm, durch die auch das Rauchgasrohr vom Heizeinsatz zum ersten Zug zu führen war).

Für die Isolierung der Warmluftöffnung wurden wieder beidseitig beschichtete Dämmplatten (35 mm) verwendet, die kastenförmig durch die Geschoßdecke hindurch bis 45 Zentimeter über dem Schornsteinanschluß im Erdgeschoß mit Haftmörtel befestigt wurden.

Wie aus der Zeichnung zu erkennen, war links von der Warmluftöffnung eine Trennzunge vorgesehen (Höhe: 180 cm), so daß etwa 80 Zentimeter bis zur Abdeckung freiblieben, um dem späteren Warmluftstrom den Übergang zur Rücklauföffnung zu erleichtern.

Links vom rechtwinklig gebogenen Rücklaufrohr war eine weitere Trennzunge geplant, die den Rücklaufstrom noch einmal teilen sollte, um den Mantel optimal zu erwärmen. Diese »Zunge« war aber nur 80 Zentimeter hoch und unten – direkt vor der Öffnung des Rücklaufrohres – schräg freigeschnitten.

Warmluftwand setzen

Nach den Vorarbeiten mußte zunächst die geplante Setzlinie durch Aufstellen der radialen Gußschamotteplatten festgelegt werden. Außerdem war die nun entstehende sanft geschwungene Form mit dem Bauherren abzustimmen, der sich für diese »Wärme-Skulptur« entschieden hatte. Erst danach konnte die erste Reihe in Haftmörtel gesetzt werden (s. Abb. 235 und 236), wobei auch hier die schon erwähnten Holzkeile behilflich waren.

Zeichnung 10 Schematische An- und Draufsicht der Warmwand im Dachgeschoß

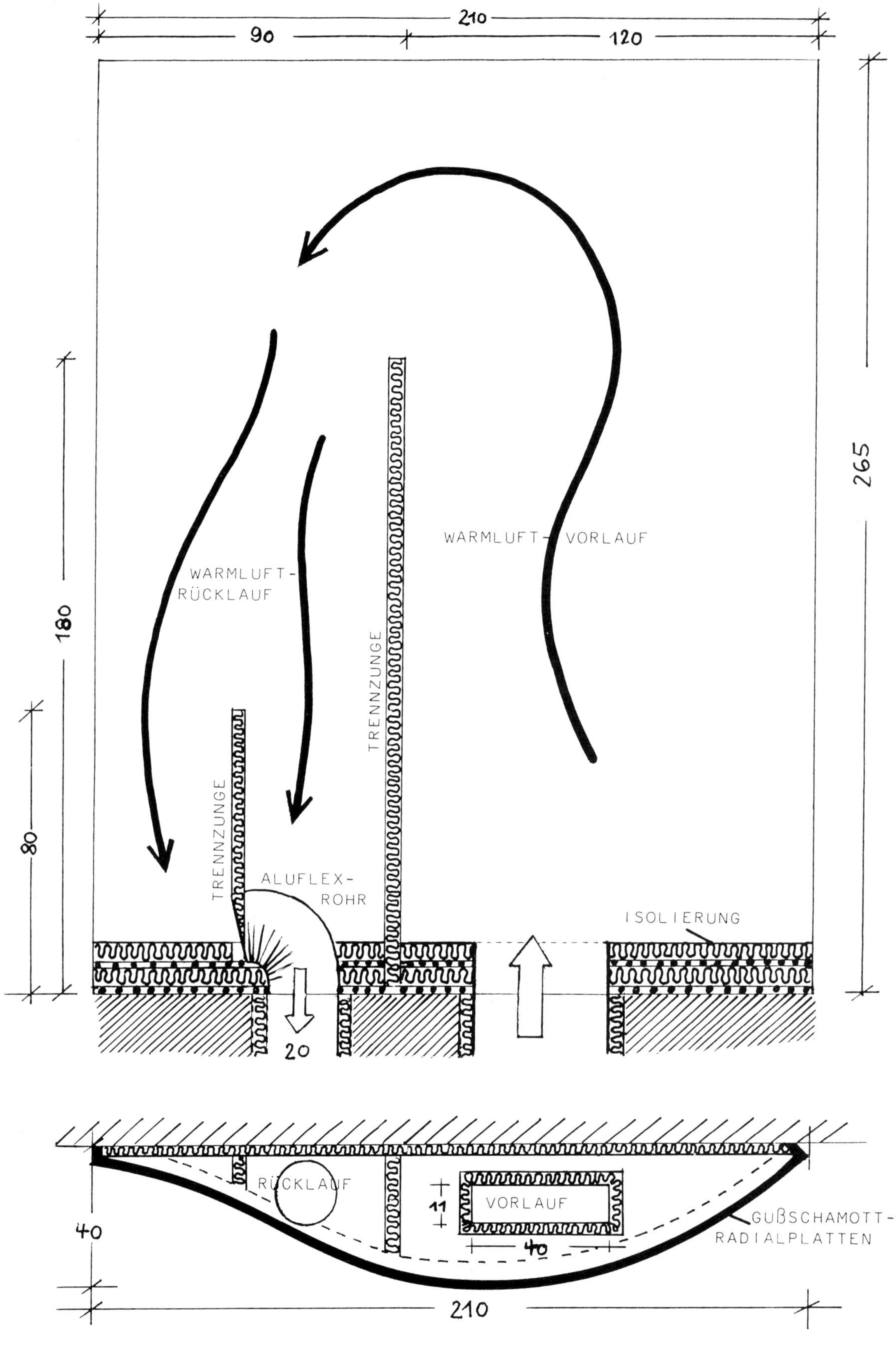

235 Die Setzkante der Radialplatte wird vor dem Setzen mit Haftmörtel versehen

236 Die in Haftmörtel gesetzten Radialplatten sind waage- und lotrecht zu korrigieren

237 Isolieren der Wandfläche

238 Die isolierte Fläche wird mit Haftmörtel beschichtet; in der Bildmitte ist die Trennzunge zwischen Vor- und Rücklaufbereich zu erkennen (s.a. Abb. 239)

Nachdem der Haftmörtel seine Endfestigkeit erreicht hatte, konnte die Rückwand komplett isoliert (s. Abb. 237) und mit Haftmörtel übergespachtelt werden (s. Abb. 239), wobei die Übergänge zusätzlich mit Glasfaser-Gittern stabilisiert wurden.

Bevor mit der zweiten Reihe begonnen werden konnte, wurde der Boden (Magerbeton) mit einer etwa einen bis anderthalb Zentimeter dicken Schamotte-Gußmasse-Schicht versehen und später doppellagig isoliert.

239 Wärmewand nach der zweiten Radialplattenschicht; links im Bild die 180 cm hohe Trennzunge

240 Der Ofensetzer kurz vor der Fertigstellung der »Wärme-Skulptur«

Von nun an konnte der Mantel der Wärme-Skulptur hochgesetzt und oben mit einer zugeschnittenen Gußschamotteplatte – in Haftmörtel gelegt – endgültig geschlossen werden (s. Abb. 239–241).
Abschließend wurde die Mantelfläche mit einem Kleheverputz und der dazugehörigen Armierung (Gewebetapete) verspachtelt und mit einem Endputz versehen.

241 Fertige, noch unverputzte »Wärme-Skulptur«

Einbau und Ummantelung des Heizeinsatzes

Da der Holzbrand-Heizeinsatz (Brunner HF 10 mit elektronischer Ofensteuerung [EOS], die die Verbrennungsluft optimiert) im Keller zu installieren war – ohne dort Wärme abzugeben –, war es notwendig, alle angrenzenden, umlaufenden Wände zu isolieren. Dafür wurden wieder mit Haftmörtel versehene Isolierplatten der Baustoffklasse A1 (gemäß DIN 4102 Teil 1) verarbeitet. Bei der Montage war darauf zu achten, daß zwischen Wand und Isolierung eine Luftschicht verblieb.
Um bereits im Keller ein Wärmespeichervolumen für den geschlossenen Warmluftkreislauf zu installieren, wurde der Holzbrand-Einsatz dreiseitig mit Lochziegel-Wänden ummauert, wobei ein Abstand von sechs bis zehn Zentimetern zum Einsatz eingehalten wurde (vgl. hierzu Zeichnung Nr. 6, S. 108, wo der Einsatz nur zweiseitig ummauert wurde). Für die mit Haftmörtel gemauerten Speicherwände, die in Höhe des Einsatzbodens begannen (Distanz zum isolierten Kellerboden ca. 30 cm), wurden Lochziegel verwendet, um eine möglichst große Wärmeaufnahmefläche zu erhalten. Kritische Leser könnten nun die Frage stellen, ob es nicht sinnvoller sei, die Abstrahlungswärme des Holzbrand-Einsatzes direkt, also ohne Speicherwand, in den Warmluftkreislauf einzuschleusen, zumal die Warmluft vom Keller – den Speicherblock im Erdgeschoß umspülend – auch noch die Warmwand im Dachgeschoß erwärmen soll. Der Hafnermeister (J. Ortner, Wien), der dieses Wärmespeicher- und Verteilungssystem über drei Geschosse baute, hat sich für diese Lösung entschieden, weil er Wert legte auf eine »sanfte« Strahlungswärme, wie sie auch der eigene Körper ständig abstrahlt: 36,5°!

Um den Lesern die Vorzüge dieses konstruktiv lösbaren Ofenbauprinzips deutlich zu machen, sei folgendes Erlebnis kurz skizziert:
Der Autor wurde vom Verlag gebeten, noch ergänzende Fotos von diesem Ofenbau-System bereitzustellen. Als er das Haus mit dem zu fotografierenden Ofen betrat, freute er sich nicht nur über die angenehme Wärme, die der Speicherblock im Eß- und Wohnzimmer abstrahlte, sondern war vor allem überrascht, daß ein sieben Monate altes Kind auf einem Kissen spielte, das die Mutter an den Ofenmantel gelegt hatte; überrascht deshalb, weil dieses Kind ständig körperlichen Kontakt zur Abstrahlungsfläche dieses Ofens hatte und die »sanfte« Wärme offenbar sehr genoß! (Und das in dem Bereich, wo die Heizgase vom Einsatz in den ersten Zug geleitet werden!)
Gibt es ein besseres Kompliment für dieses Kachelofenbau-Prinzip?

242 Die Wärme-Skulptur des Großflächen-Heizsystems bildet einen attraktiven Blickfang

243 Das Großflächen-Heizsystem im Wohn- und Eßbereich; links der Speicherblock, rechts der integrierte Kamin

244 Spielerisches Detail am Kaminsims

Die immer noch verbreitete Ansicht, daß die Oberflächentemperatur eines Kachelofenmantels nach einer bestimmten Anheizzeit mindestens 60 Grad betragen *muß*, stimmt nicht mehr, wie dieses Beispiel eindrucksvoll dokumentiert. Moderne Technik macht dies möglich.
Die Leistungsfähigkeit dieses Wärmespeicher- und Verteilungssystems unterstreicht auch folgender Vorfall: Kurz nachdem die Familie eingezogen war, fiel mitten im Winter die Gaszentralheizung aus; am Wochenende natürlich. Also legte man öfters als vom Holzbrandeinsatz-Hersteller empfohlen (dessen Planung von einer Zusatzheizung ausging) mehr Holz nach, um nicht nur das Einfamilienhaus, sondern auch das angekoppelte Warmwasser-Heizsystem (Wärmetauscher, Pufferspeicher, Fußbodenheizung) zu versorgen. Seitdem ist die Gaszentralheizung Zusatzheizung geworden. Auch ein Kompliment!

245 Ansicht des verputzten Schamottespeichers vom Eßzimmer aus; auf der Rückseite befindet sich der Kamin

246 Kachelgrundofen mit integrierter Sitzbank aus handgefertigten Vollkacheln; die Beheizung erfolgt von der Diele aus (Rückseite)

Architekturkeramik & Design
Ursula Motz-Schönhaber,
Egerländer Straße 19,
D-65779 Kelkheim,
Tel.: (06195) 61078

247 Kachelgrundofen mit sichtbarem Rauchgasabzug aus handgefertigten Vollkacheln; die Nennheizleistung des Ofens liegt bei ca. 5 kW Architekturkeramik & Design Ursula Motz-Schönhaber, Kelkheim (Adresse s. S. 150)

248 Warmluft-Kachelofen aus handgeformten Rauten-Mosaiksteinen (Vollkacheln) mit einem Heizeinsatz der Fa. Wodtke (KE 03,8 Thermoplus); Glasur: Traumblau
Wodtke GmbH, Rittweg 55–57, D-72070 Tübingen, Tel.: (07071) 7003-0

249 Kachelherd, beheizbar als Kohle- oder Holzherd; verwendet wurden glatte Kacheln in Ravennaweiß kombiniert mit einer Ziersimsleiste in Mattgold
Jasba GmbH, Rheinstraße 100, D-56235 Ransbach-Baumbach, Tel.: (02623) 84-0

250 Kachelgrundofen , in Überschlagtechnik erstellt; der Ofen besteht aus Vollkacheln und beheizt bei einer Nennheizleistung von ca. 4 kW das anliegende Wohnzimmer und den Eßbereich
Ziegler GmbH, Wetzawinkel 33, A-8200 Gleisdorf, Tel.: (0043) 3112/2977

251 Grundofen in Überschlagtechnik der aus gemauerten und gekachelten (Vollkacheln) Teilen besteht; die Nennheizleistung von ca. 5 kW reicht aus, um die Gaststube eines Wirtshauses zu beheizen
Ziegler GmbH, Gleisdorf
(Adresse s. S. 154)

252 Kombiniertes System mit Kamin, Kachelofen (auf der Rückseite) und Warmwand in Hypokausten-Bauweise; von hier aus werden zwei Wohnräume bei einer Nennheizleistung von ca. 9 kW beheizt
Keramikwerkstatt Gabriele Epp, Kirchplatz, A-3730 Eggenburg, Tel.: (0043) 2984/3006

Anhang

GLOSSAR

ABBRAND
Verbrennungsvorgang im Feuerraum

ABBRANDREGELUNG, automatisch
Elektronische, d.h. vollständige Regelung des Abbrandes und Minimierung der CO_2-Emission

ABBRANDREGELUNG, mechanisch
Manuelle Regelung der Luftzufuhr während des Abbrandes

ANHEIZKLAPPE
Reguliert die Verbindung zwischen Anheizzug und Schornsteinanschluß

ANHEIZZUG
Kürzeste Zugverbindung zwischen Feuerraum bzw. Abgasstutzen Heizeinsatz und Schornsteinanschluß

AUSBAUMÖRTEL
Spezialmörtel für die Mauerung von Feuerräumen und Rauchgaszügen mit Schamottematerial

AUSFÜTTERN
Die Innenseiten der Ofenkacheln mit sogenannten Futtersteinen (Schamotteplatten) und Schamottemörtel ausfachen bzw. »ausfüttern«; Vollkacheln werden nicht ausgefüttert

BAUARTEN
Im Kachelofenbau unterscheiden wir die leichte, mittelschwere und schwere Bauart. Diese Unterscheidung betrifft nicht die äußere Form bzw. Größe, sondern bezieht sich auf die Menge/Masse des im Innenausbau (Feuerraum und Züge) verarbeiteten Schamottematerials

BAUWEISE
Einschalig oder mehrschalig. Bei der einschaligen Bauweise wird die Wärme im Feuerraum und in den Heizgaszügen direkt auf den Ofenmantel übertragen; bei der mehrschaligen Bauweise wird zwischen Feuerraum/Heizgaszügen und Ofenmantel eine Luftschicht belassen, um eine gleichmäßigere Wärmeübertragung zu erreichen

BEDIENUNGSANLEITUNG
Jeder Kachelofenbesitzer sollte die Bedienungsanleitung befolgen, um eine sparsame und schadstoffarme Feuerung zu gewährleisten

BEHAUEN
Vor dem Setzen der Kacheln werden die umlaufenden Setzkanten »behauen«, wobei von der Setzkante soviel »Fleisch« zur Innenseite der Kachel abgeschlagen wird, bis eine ca. sechs Millimeter breite Setzkante verbleibt. Bei Verwendung von Spezialmörteln entfällt das Behauen, ebenso bei Vollkacheln

CARBORUNDUM
Flacher, handgroßer Schleifstein zum Entgraten und Schleifen von Kacheln und Fliesen

COULEUREN
Sortieren der Ofenkacheln nach Farbe bzw. nach Farb- und Glasurnuancen, um einen harmonischen Farbverlauf im Kachelmantel zu erreichen

FALLZUG siehe Sturzzug

FEUERRAUM
Die Brennkammer des Kachelofens

FUTTERSTÜCKE
Schamotteplatten, mit denen die Kachelinnenseiten »ausgefüttert« werden

GASSCHLITZ
Kleine Öffnung (oder Öffnungen) im Zugsystem, die verhindert, daß sich unverbrannte Schwelgase ansammeln, z.B. oberhalb des Überganges von einem Steigezug zu einem Sturz- bzw. Fallzug

GEWEBETAPETE
Flächendeckende Überspannbahn für zu verputzende Ofenflächen, um Dehnungskräfte aufzufangen

GRUNDÖFEN
Kachelöfen, bei denen Feuerraum und Züge ausschließlich mit Schamottematerial gesetzt werden ohne Verwendung von Heizeinsätzen

GUßSCHAMOTTEPLATTEN
Großflächige Bauteile (flächig und radial), die sich besonders für den Bau von heißlufterwärmten Heizflächen, Vorsatzschalen und Hypokaustenflächen eignen

HAFTMÖRTEL
Ein Ofenbaumörtel mit hohen Hafteigenschaften und schneller Abbindung, eignet sich als Mörtelmasse für Keramik (Kacheln), Schamottematerialien (Gußschamotteplatten) und als Ausgleich- und Putzmörtel

HEIZEINSATZ
Gußummantelter Feuerraum mit Schamotteauskleidung, deren Abbrandtechnik umweltneutral sein sollte (»Zertifizierungszeichen für schadstoffarme Holzfeuerungen«)

HEIZGASZÜGE
Alle dem Feuerraum »nachgeschalteten« (gemauerten) »Kanäle«, durch die die Heizgase zum Schornstein geführt werden; zu unterscheiden sind: Liegezüge, Wendezüge sowie Sturz- und Steigezüge

HYPOKAUSTEN
Bezeichnung für geschlossene Warmluft-Systeme

KLEBEVERPUTZ
Mörtelmasse, mit der die Gewebetapete als Putzarmierung eingebunden wird

KOHLENSTOFFDIOXYD (CO_2)
Verbrennungsprodukt während des Abbrandes. Die Höhe des CO_2-Gehaltes in den Heizgasen ist ein Kriterium für die Verbrennungsgüte

KOHLENSTOFFMONOXYD (CO)
Giftiges Gas, das bei unvollständiger Verbrennung entsteht

KONVEKTIONSWÄRME
Die Wärme, die entsteht, wenn kühlere Raumluft an der warmen Kachel- oder Heizeinsatzwand emporsteigt und sich erwärmt; sie wird insbesondere bei Warmluftöfen und Grundöfen mit zwangsläufiger Luftführung erzeugt

LIEGEZUG
Heizgaszug, in dem Heizgase waagerecht geführt werden

NENNWÄRMELEISTUNG
Die Wärmeleistung, die die Feuerstätte unter Beachtung der Bedienungsanleitung auf Dauer abgeben kann. Sie wird unter DIN-gemäßen Prüfbedingungen ermittelt und auf dem Typenschild des Heizeinsatzes angegeben

RAUCHGASROHR
Vom letzten Heizgaszug des Kachelofens abgehende Rohrverbindung zum Schornstein

REINIGUNGSÖFFNUNGEN
Jeder Zug im Kachelofen (und das Rauchgasrohr) muß durch eine im Kachelofenmantel eingelassene Reinigungsöffnung erreichbar sein, um ihn jährlich reinigen zu können

SCHORNSTEIN
Vor dem Bau eines Kachelofens ist mit dem zuständigen Schornsteinfeger- bzw. Kaminkehrermeister zu klären, ob an den vorhandenen Schornstein ein Kachelofen angeschlossen werden kann oder wie ein neuer Schornsteinzug dimensioniert sein sollte

SITZBANK
Die Heizgaszüge eines Kachelofens können so gemauert werden, daß ein Liegezug eine Kachelbank als Sitzfläche beheizt und nachfolgende Züge die Rückwand erwärmen

STEIGEZUG
Der dem Fall- bzw. Sturzzug nachfolgende Heizgaszug

STRAHLUNGSWÄRME
Wärmestrahlen, die von der beheizten Kachelfläche gleichmäßig ausgestrahlt werden, bis sie auf einen festen Körper treffen und diesen erwärmen; die Luft wird nicht erwärmt, Kachelöfen werden dann als besonders »behaglich« empfunden, wenn sie die Wärmeverluste des menschlichen Körpers »physiologisch« optimal ausgleichen

STURZZUG
Auch Fallzug genannt, in dem die Heizgase senkrecht geführt werden

TROCKENHEIZEN
Frisch gebaute Kachelöfen sollten gleich nach der Fertigstellung ca. zehn Tage lang einmal täglich mit wenig Kleinholz angeheizt werden, damit das im Schamottemörtel gebundene Anmachwasser langsam (!) verdunstet, womit eine Treibgefahr (Risse im Kachelmantel) vermieden wird

VERKLAMMERN
Alle gesetzen Ofenkacheln werden auf der Kachelinnenseite mit einem verzinkten »Ofendraht« miteinander verbunden, »verklammert«

VOLLKACHEL
Auch »Klimakachel« genannt, sind »Vollsteinkacheln«, die nicht mehr ausgefüttert werden müssen, da sie in der Dicke einer ausgefütterten Kachel hergestellt werden

VORSCHUB
Eine der ausgefütterten Kachelinnenwand vorgeschobene Schamotteplatte, die mit Schamottemörtel »angerieben« wird; Vorschub und Kachelmantel ergeben die Wandstärke eines Kachelofens in der einschaligen Bauweise

WÄRMEBEDARF
Vor jeder Kachelofenplanung ist es ratsam, den Wärmebedarf des vom Kachelofen zu beheizenden Raumes (oder der Räume) errechnen zu lassen, um die Heizfläche und damit die Größe des Kachelofens bestimmen zu können. Der Wärmebedarf ist die Wärmemenge, die durch »Transmissionswärme- und Lüftungswärmeverluste« verloren geht und vom Kachelofen bereitgestellt werden muß

WÄRMESPEICHERUNG
Das ist die Wärme, die vom Feuer und den Heizgasen an die Feuerraum- und Zugwände abgegeben und über die Kachelwand in Form von Wärmestrahlen in den Raum abgestrahlt wird. Je speicherfähiger das verwendete Schamottematerial ist (hohe Rohdichte), um so größer ist die Wärmespeicherung

WARMLUFTKACHELÖFEN
Kachelöfen, die der leichten Bauart zugeordnet werden können, wobei Heizeinsatz und nachgeschalteter Nachheizkasten lediglich mit einem Kachel- oder Steinmantel ummauert werden. Bei offenem Warmluftkreislauf ist eine schnelle Raumerwärmung eines oder mehrerer Räume möglich. Statt Nachheizkasten können auch keramische Heizgaszüge gemauert werden, um den Konvektionswärmeanteil zugunsten eines höheren Strahlungswärmeanteils zu reduzieren

WENDEZÜGE
Als Wendezug bezeichnet man den Übergang von zwei neben- oder hintereinander liegenden Zügen

ZWANGSLÄUFIGE LUFTFÜHRUNG
Neben den reinen Warmluftkachelöfen, die mit erheblicher Staubverwirbelung verbunden sind, können auch Kachelgrundöfen mit einer zwangsläufigen Luftführung gemauert werden. Hierbei wird normalerweise hinter dem Feuerraum und den Zügen ein wandseitiger Luftkanal freigelassen, in dem sich die von unten kommende, kühlere Raumluft erwärmt und in den Raum abgegeben wird

ZWICKER
Kleine Schamotteplattenreste (manchmal auch Kachelsplitter, die beim Behauen entstehen), mit denen der Schamottemörtel beim Kachelsetzen »verzwickert« wird, um Schwindungen zu vermeiden

ZÜGE siehe Heizgaszüge

Informationsmöglichkeiten über Kachelöfen

(Hersteller von Ofenkacheln, Holzbrandeinsätzen, Kachelofenbau- und Hafnermeister)

AdK Arbeitsgemeinschaft der deutschen Kachelofenwirtschaft e.V., Rathausallee 6, 53757 St. Augustin; Tel.: (0 22 41) 20 39 79
Hagos – Verbund deutscher Kachelofen- und Luftheizungsbauer e.G., Postfach 800560, 70505 Stuttgart; Tel.: (07 11) 78 80 50

Die wichtigsten Hersteller von Holzbrand-Einsätzen

Ulrich Brunner GmbH, Zellhuber Ring 17–18, 84307 Eggenfelden
Buderus Heiztechnik GmbH, Sofienstr. 30, 35576 Wetzlar
Leda Werk GmbH & Co. KG, Boekhoff & Co., Postfach 1160, 26761 Leer
Wodtke GmbH, Rittweg 55–57, 72070 Tübingen

Kachelofenbau- bzw. Hafnermeister, mit denen der Autor zusammenarbeitete

Hauck, Reiner, Regensburger Str. 20, 85290 Geisenfeld
Ortner, Josef, Antonigasse 73, A-1170 Wien
Tampe, Dolf, Dammhausenerstr. 20a, 21614 Buxtehude